Bernd A. Wilken

FÜHREN NEU DENKEN

Bernd A. Wilken

FÜHREN NEU DENKEN

Management in Aphorismen

Illustriert von
Susanne von Rönn

R. G. Fischer Verlag

Illustrationen: *Susanne von Rönn*, geb. 1948 in Hamburg. Ausbildung zur Kostümbildnerin. Gab viele Jahre Malkurse und Workshops. Herstellung von künstlerischen Objekten für die Werbung. Herausgabe und Illustration eines Märchenbuches ihres Vaters, Hartmut Sierig, dem früheren Hauptpastor an St. Katharinen. Die Künstlerin lebt in Hamburg.

Bibliografische Information der Deutschen Nationalbibliothek

Die Deutsche Nationalbibliothek verzeichnet diese Publikation in der Deutschen Nationalbibliografie; detaillierte bibliografische Daten sind im Internet über http://dnb.d-nb.de abrufbar.

Orber Str. 30, D-60386 Frankfurt/Main

Foto (Rückseite): Heibel
Schriftart: Baskerville
Herstellung: ef/bf/1A
ISBN 978-3-8301-1744-5

Für die Top-Manager in meiner Familie

Pat
Stephan
Rainer
Daniela

Führen ist eine Haltung, nicht Technik.

Führungskunst ist die Fortsetzung des Managements mit anderen Mitteln. Wir ermöglichen Mitarbeitern durch Freiräume, brillant zu sein, statt sie durch Weisungen auf ihre guten Eigenschaften zu reduzieren. Führungskunst sucht nach dem Absoluten in der Kooperation.

Wir werden auch hier nicht vollkommen werden, aber durch unser Streben entwickeln wir uns weiter, und das Unternehmen wird besser.

Bernd A. Wilken

Inhalt

Vorwort

Die Kunst des Führens mit Aphorismen auszuleuchten, kann beide Disziplinen bereichern: die Führung erkennt neue Zusammenhänge und der Aphorismus wird praktisch. Das ist die Absicht dieses Buches. Dem Aphorismus wird dabei jeweils sein großer Bruder, das Essay, an die Seite gestellt. Natürlich denken die Leser selbst, aber »nur scheinbar kommt der Aphorismus denen entgegen, die keine Zeit haben«, *(Jacques Wirion)*. Die Verbindung von für unsere Führungsarbeit ausgewählten Sinnsprüchen aus vielen Jahrhunderten mit meinen kurzen, praxisbezogenen Abhandlungen will die eilige Führungskraft anregen, nicht bevormunden. Ich hoffe und wünsche mir, dass sich Männer und Frauen gleichermaßen, seien sie schon in Führungspositionen oder auf dem Weg dorthin, von meinen Betrachtungen angesprochen fühlen.

Wer Führung nur als Technik begreift, Ziele mit Hilfe anderer zu erreichen, ist eingeladen, neue Perspektiven zu gewinnen. In größeren Führungsaufgaben geht es immer um die Steuerung komplexer Systeme, Selbstführung eingeschlossen. Neue Anregungen für die Entwicklung von Managerqualitäten zur Führungskunst zu geben, ist neben Unterhaltung das Anliegen dieses Buches. Meiner vierzigjährigen Führungs- und Beratungspraxis verdanke ich die Mosaiksteine, die hier ein Bild von der Kunst, Führen neu zu denken, zeigen sollen.

Ob ein Aphorismus »stimmen«, also »wahr sein« muss, ist umstritten. Vielleicht will er uns (nach *Michael Richter*) nur anregen, darüber nachzudenken, ob er stimmen könnte. Auch wenn der Aphorismus angeblich das letzte Glied in einer langen Gedankenkette ist, müssen wir ihn doch weiterdenken, um ihn mit unserem Leben, etwa unserem Managerleben, zu verknüpfen. Erst dann ist er über seine bloße Schönheit hinaus ein Gewinn für uns. Dafür sind meine Essays entstanden. Ich wünsche Ihnen Freude und Gewinn.

Wiesbaden, im Februar 2017
Bernd A. Wilken

»Kein Sieger glaubt an den Zufall.«

(Friedrich W. Nietzsche)

Leugner des Zufalls nannte Nietzsche die Sieger, ganz wertfrei übrigens. Als Zufall bezeichneten die Gebr. Grimm in ihrem Deutschen Wörterbuch (1854–60) »in freiem Vorkommen das unberechenbare Geschehen, das sich unserer Vernunft und Absicht entzieht.« Also ein Zufluchtsort unserer Unwissenheit, wie Spinoza meinte. Oder das, wobei unsere Berechnungen versagen, nach Einstein. Zufall wäre demnach nur Informationsmangel? Oder – noch bequemer – ein Synonym (Anatole France) oder Pseudonym Gottes (Albert Schweitzer)? Oder »ein Wort ohne Sinn – nichts kann ohne Ursache existieren«, wie Voltaire meinte?

Die berechtigte Frage, ob es den Zufall überhaupt gibt oder ob wir momentan nur die Ursachen und Zusammenhänge mangels Informationen nicht verstehen, führt uns allerdings in Treibsand. Zwar spricht einiges dafür, dass es für lange Ereigniskettten (z. B. 1000 Münzwürfe) oder große Systeme (wie das Weltall) keine Zufälle gibt, aber für unsere kurze Entscheidungs- und Lebensdauer scheinen sie relevant zu sein, weil unsere Ereignisketten statistisch eben nicht lang genug sind, um Erfahrungen zu bilden.

Der Zufall steckt im Glücksspiel, in der Wahrscheinlichkeit, in Turbulenz und Chaos, in der Entropie, der Quantenmechanik und im Determinismus – das können wir alles googeln, ohne aber festen Boden unter die Füße zu bekommen. Vielleicht ist gar die Welt als beobachtetes System in sich zufällig?

Wir könnten uns nun im Management den üblichen Büro-Sottisen überlassen: »Planung ist der Ersatz des Zufalls durch den Irrtum« (Winston Churchill) oder: »Je planmäßiger der Mensch vorgeht, um so wirkungsvoller trifft ihn der Zufall« (Friedrich Dürrenmatt). Solche Larmoyanz blendet aber unseren Gestaltungsauftrag im Unternehmen aus, sie führt zu nichts.

Wenn wir schon bestimmte Vorgänge oder Konstellationen in unserer kurzen Beobachtungsdauer als Zufall werten müssen, weil wir es nicht besser wissen (können), ist es besser, den Zufall nicht zu fürchten, sich aber auch nicht auf ihn zu verlassen. Kein Erfolgreicher schreibt seinen Erfolg dem Zufall zu, kein Verlierer darf sich auf ihn berufen. Denn wir haben Waffen gegen das Unwägbare, wenn wir einmal akzeptiert haben, dass die Welt nicht nur aus linearen Ordnungssystemen besteht. Es kommt für unseren Erfolg darauf an, dass wir nicht in der Einschätzung verharren, wir seien unberechenbaren Einflüssen ausgesetzt.

Hier unsere Waffen gegen den Zufall:
- Unsere Urteilsheuristik, d. h. eine automatische, überschlägige Denkweise beim Blick in die Zukunft.
- Das Wissen, dass große Entwicklungen immer von unvorhergesehenen Ereignissen ausgehen.
- Den Zufall nicht fürchten, sondern sich zum Freund machen: Unsicherheit birgt Chancen.
- Serendipität, d. h. die zufällige Beobachtung und Beachtung von etwas ursprünglich nicht Gesuchtem, das sich als neue und überraschende Entdeckung erweisen kann.
- Somit die Bereitschaft und Fähigkeit, sich auf einen nach vorne offenen Horizont zu orientieren, ohne antizipieren zu

können, an welcher Stelle man sich nach einer gewissen Zeit befinden wird (man denke nur an Columbus!).

- Den Zufall akzeptieren. Das lehrt Bescheidenheit, beruhigt und hat mit Indolenz nichts zu tun.
- Systematisches Denken und Handeln so weit treiben, wie es geht, sich aber der Grenzen dieser Vorgehensweise bewusst sein. Zufälle schließen die Lücken zwischen den uns vorliegenden Informationen, d. h. sie deuten uns entgangene Verknüpfungen von zwangsläufigen Ereignissen an.
- Aufmerksam sein, Veränderungen wahrnehmen und darauf reagieren.

Der Zufall begünstigt (wie das Glück) den vorbereiteten Geist, und beide lehren uns Achtsamkeit. Absichten hegen und verfolgen befördert sicherlich den Fortschritt. Unser Gehirn sucht ständig nach Analogien und verborgenen Plänen. Pläne können aber auch blind machen für die Wirklichkeit. Gewissheit ist immer vermeintlich und hemmt das Denken. Vielleicht hat unser Leben kein Ziel, aber es stellt uns vor immer neue Verzweigungen.

Lassen Sie uns den Zufall in Würde annehmen. Mit Wundern ist zu rechnen.

»Wenn wir uns nicht ständig bemühten, glücklich zu sein, könnten wir wirklich eine schöne Zeit haben.«

(Edith Wharton)

Vielleicht haben Sie in einem UN World Happiness Report gelesen: Dänemark ist das Land mit den glücklichsten Menschen, Deutschland auf Platz 26, weit vor Spanien, Japan, Russland oder der Türkei. Klar, denken wir: das Glück ist eine Resultante von Pro-Kopf-Einkommen, offener Gesellschaft, Entwicklungsstand und Bildung. So müsste doch überall für jeden jederzeit Glück zu schaffen sein!

Gesellschaftsentwürfe zur Menschheitsbeglückung sind aber immer gescheitert. Es scheint, dass das Glück individueller Definition und Wertung bedarf. Die Frage nach dem Glück ist die Frage nach dem individuell Guten, dem Ganzen, dem ganzheitlichen Wohlbefinden – kein Sahnehäubchen, sondern die Essenz unseres Lebens.

Was ist das individuell Gute? Nach John Rawls ist es ein vernünftiger Lebensplan. Was hier vernünftig ist, sagt uns Karl Rahn SJ: »Der Mensch, der ich sein möchte, grüßt ständig den, der ich bin.« Wenn es uns zuweilen gelingt, den äußeren Menschen dem inneren anzunähern, werden wir mit Glücksmomenten belohnt; dann sind wir ganz bei uns. Der Weg zum Glück ist also der Weg zu uns selbst. »Es ist sehr schwer, das Glück in sich selbst zu finden – es ist ganz unmöglich, es anderswo zu finden«, schrieb Nicolas de Chamfort (1741–1794).

Vermutlich hat die amerikanische Schriftstellerin Edith Wharton (1862–1937) von diesem Intellektuellen der Französischen Revolution gelesen. Beide lehren uns: hedonistisches Streben garantiert kein Glück. Das Glück ist kein Ereignis, sondern ein Prozess, in den man sich einbringen muss. Wer das Glück aber auf die Endorphin-Ausschüttung reduziert, die ja auch mit »Sex, Drugs and Rock 'n' Roll« zu haben ist, wird schnell verkatert dastehen. Die Erfahrung eines momentanen Glücksgefühls muss die Perspektive eines gelingenden Lebens gewinnen, will sie bestehen in unserer Erinnerung – als Teil einer Perlenkette von Momenten guten Lebens. Auch wenn es wohl kein Glück gibt, das länger als 10 Minuten dauert, bewegt uns die Aussicht auf immerwährende Wiederholung.

Wir haben keinen Gradmesser für das Glück. Manche meinen schon, sie hätten Pech, nur weil sie kein Glück mehr haben. Sie nehmen das mittelhochdeutsche Wort »Gelücke« für Geschick, günstigen Ausgang, guten Lebensunterhalt – etwas, was sich ohne eigenes Dazutun ereignet oder auch nicht. Aber so ist es nicht. Ebenso wie man (nach Paul Hörbiger) für angenehme Erinnerungen im Voraus sorgen muss, müssen wir gerüstet sein für das Glück. Fred Langhammer, der langjährige CEO von Estée Lauder, beschrieb das so: »Glück ist der Moment, in dem man sich gut vorbereitet einer günstigen Situation gegenübersieht.«

Wenn wir aber ständig das Glück zu erhaschen suchen, als wollten wir unser Leben auf einem Lottoschein aufbauen; wenn wir uns immer mit vermeintlich Glücklicheren vergleichen, verlieren wir die Perspektive eines gelingenden Lebens aus den Augen – wer bin ich wirklich, wo will ich hin? Unglückliche Momente werden dann übergewichtet.

Genügt nicht Zufriedenheit? Wir wollen diese kleine Münze des Glücks nicht gering schätzen, sie trägt aber den Kern der Resignation in sich: »Bekommen, was man sich wünscht, ist Erfolg; sich wünschen, was man bekommen kann, ist Glück« – das ist dann doch ein Fanal der Mittelmäßigkeit; eine Lässigkeit, die aus der Weigerung resultiert, sich – vermeintlich nutzlos – weiter anzustrengen.

Glück braucht Reflexion und Gelegenheit. Durch Aufmerksamkeit uns selbst und dem Leben gegenüber entsteht Glück, für Momente, immer wieder.

»Es gibt für nichts Entschuldigungen.
Du änderst die Dinge, oder du lässt es.«

(AGNES WHISTLING ELK)

Wie oft sagen oder hören wir: »Gern würde ich neue Arbeitsabläufe (Personalbesetzungen, Strategien, Strukturen, Methoden, etc.) einführen, aber der Chef (der Betriebsrat, die Belegschaft, der Aufsichtsrat, die Tradition etc.) ist dagegen.« Wer so spricht, suggeriert: ›Ich weiß es besser, aber ich darf nichts tun – und dafür bin ich nicht verantwortlich!‹ Gibt es eine bessere Entschuldigung für unser Nicht-Handeln?

Eine Entschuldigung ist eine Ent-Schuldung, die Befreiung von persönlicher Schuld, die uns ein (geschädigter, verletzter) Dritter gewähren soll zur Vergebung. Hier aber unterstellen wir eine sozusagen immanente Vergebung durch die Umstände. Da jedoch Vergebung einen Willensakt voraussetzt, können nur Wesen bewerten und verzeihen, nicht aber Konstellationen. So wie die Natur keine Katastrophen kennt, kennen Umstände keine Schuld. Deshalb vergeben wir uns bequemerweise selbst: wir können nichts tun, und so geschieht auch nichts. Shit happens. Ist das unser Auftrag im Unternehmen? Natürlich nicht.

Die schlechte Nachricht ist also: wir scheitern immer an uns selbst. Aber es gibt auch eine gute Nachricht: wenn wir dieses Scheitern an uns selbst akzeptieren, verlieren wir keine Zeit mehr mit der Suche nach konkreten Schuldigen und abstrakten Umständen, um unsere vermeintliche Unmöglichkeit zu handeln vor uns selbst und anderen zu rechtfertigen.

Der Vorteil dieser veränderten Haltung für uns selbst ist evident: wir werden wieder Herr/Herrin unseres Schicksals, weil wir unsere Schwächen akzeptieren lernen, uns unserer Stärken bewusst werden und wieder handeln können. Das ist auch höchst effizient, denn der Ausbau unserer Stärken erfordert bedeutend weniger Kraft als die – auch nur geringfügige – Verminderung unserer Schwächen.

Warum gebrauchen viele von uns Ausflüchte? Sie erscheinen uns bequemer, als die von uns als richtig empfundenen Veränderungen anzugehen. Aber wir ahnen zugleich: auf diese Weise bewirken wir nichts, es geschieht nichts von dem, was wir richtig finden. Dabei wollen wir doch etwas darstellen im Beruf, analysestark, entscheidungsfreudig, durchsetzungsfähig, dynamisch, weitsichtig sein – »making things happen«!

Wenn das unser zuverlässiges, erprobtes Bild von uns selbst ist, werden wir – unter Anstrengungen – Wege finden, Prozesse, Strategien, Organisationen oder Besetzungen zu verbessern. Und wenn nicht, legen wir die Latte für uns eben niedriger – nicht im Sinne eines Scheiterns, sondern einer authentischen Selbstbescheidung. Das ist besser für uns und die Firma, besser als untätige Larmoyanz. Wir müssen einen Gestaltungsanspruch aufrechterhalten, um mit uns zufrieden zu sein; dieser darf aber nicht über unsere individuellen Möglichkeiten hinausgehen.

Auch wer wie ich Esoterik meidet, wird in dem Aphorismus der indianischen Schamanin Agnes Whistling Elk eine tiefe Weisheit erkennen, die längst Eingang in unsere Managementlehren gefunden hat: »Love it, change it or leave it.« Oder etwas rustikaler: »Lead, follow or get out of the way!« Wir sind verantwortlich für unser Tun und Unterlassen.

Wir werden erst erfolgreich, wenn wir nicht mehr etwas, sondern jemand sein wollen – ein unverwechselbarer Mensch mit Stärken und Schwächen, individuellen Handlungsmotiven, Werteorientierung und Verantwortungsbereitschaft.

»Sie brauchen drei Managementqualitäten: Integrität, Intelligenz, Energie. Wenn Sie die erste nicht haben, werden die beiden anderen Sie umbringen.«

(Warren Buffett)

Die beobachtbare Richtigkeit dieser Aussage erspart uns das Studium großer Teile der Managementliteratur. Management als Handwerk, Managementstile und -techniken, St. Galler Managementmodell, das alles und viel mehr lässt sich lernen durch intelligente Leute, die bereit sind, sich anzustrengen. Aber das alles reicht nicht.

Warren Buffett, der 1930 geborene US-Großinvestor und Philanthrop, erinnert uns an eine eher im Feuilleton als im Wirtschaftsteil der Zeitungen erwähnte Haltung dem Leben gegenüber: Woran richten wir unser Handeln aus? Die Beantwortung dieser Frage durch die Führungskraft entscheidet über den nachhaltigen Erfolg, persönlich wie geschäftlich.

Die von Buffett geforderte Integrität meint die fortwährende Aufrechterhaltung des persönlichen Wertesystems durch eigenes Handeln und durch eine übereinstimmende Haltung. Dies ist einem Menschen nur möglich, wenn seine individuellen Werte tief verankert und wesensgemäß sind. Oft sind sie erkennbar fundiert in religiöser, politischer oder humanistischer Ethik und bilden hierdurch ein auch Dritten bekanntes und attraktives Bezugssystem.

Die aus einer solchen Haltung sprechende Treue zu sich selbst macht aus tüchtigen Menschen Vorbilder. Hierbei kommt es nicht so sehr auf die Übereinstimmung aller Werte mit denen des betrieblichen Umfelds an. Werte sind, so der deutsche Philosoph Hans Joas, emotional stark besetzte Vorstellungen über das individuell Wünschbare. Damit sind sie zugleich eine Stellungnahme zu uns selbst und unser Blick in die Welt. Werte weisen unserem Handeln die Richtung und geben unseren Zielen Bedeutung.

Begegnen wir einer Führungspersönlichkeit, die sozialverträgliche Werte durch konsistentes Handeln und feste Haltung kommuniziert und unter allen Umständen lebt, wird sie für uns berechenbar, vertrauenswürdig. Diese Integrität garantiert, dass die Führungskraft immer in Übereinstimmung mit den Werten des Unternehmens handeln wird, dem sie sich angeschlossen hat. Ihre Intelligenz, ihre Energie werden in Bahnen gelenkt, in denen sich alle Unternehmensaktivitäten bewegen. Der integere Manager (lat. integritas = unversehrter Zustand, Unbescholtenheit) ist ein in sich ruhender, eigengesteuerter Mensch.

Fehlende Integrität macht dagegen korrumpierbar. Beide Persönlichkeitsmerkmale werden geprägt vom individuellen Verhältnis zu Werten. Für den einen sind sie unverzichtbare, ethisch-moralische Idealvorstellungen mit normativem Charakter, »an die man sich halten muss«. Für den anderen sind Werte allenfalls emotionale Vorlieben, von denen man auch einmal Abstand nehmen kann.

Gier, Hybris, Ignoranz, Verachtung für sich und andere zeigen den Mangel an Selbstentwicklung und Reflexion, der bei den

»Nieten im Nadelstreifen« oder auch im Blaumann die Entstehung und Festigung individueller, zur Identifizierung einladender Wertvorstellungen behindert. Intelligente, fleißige Manager ohne inneren Kompass arbeiten zielgerichtet, aber unbewusst am Untergang ihres Unternehmens und ihrer selbst.

Magazine und Wirtschaftspresse berichten in seltener Ausführlichkeit vom Aufstieg und Fall korrumpierbarer Manager. Aufsichtsräte und Vorstände, die ihr Treiben geduldet haben, werden nicht haftbar gemacht. Das Publikum, das früher zu den Hinrichtungen geeilt wäre, wohnt der medialen Vernichtung mit behaglichem Schauer bei und wendet sich Neuem zu. Die Protagonisten verschwinden im Gefängnis, bringen sich um oder schmollen auf ihren Gütern im Ausland. Die aktuell Erfolgreichen haben sie ausgestoßen, keine Talkshow-Einladungen mehr, die Familie verliert sich – ein hoher Preis. War es das wert?

Warren Buffett ist auch hier ganz lakonisch: »Der Preis ist, was du zahlst. Der Wert ist, was du bekommst.« Wägen Sie ab.

»Die eigene Vortrefflichkeit nicht wahrnehmen zu können, zeigt einen Mangel an Urteilsvermögen.«

(Joh. Gross)

Das Urteilsvermögen der meisten Männer, vor allem der Führungskräfte im Unternehmen, scheint insoweit intakt zu sein. Nicht so bei den meisten Frauen. Sie haben zwar meist die besseren Schul- und Studienabschlüsse, bestimmen zunehmend den öffentlichen Diskurs und schleifen Männerbastionen in der Politik. In den Unternehmen aber stapeln sie tief.

Frauen schätzen ihre beruflichen Aussichten weniger positiv ein als Männer und blicken mit mehr Sorge in die Zukunft. Sie schätzen ihre Fähigkeiten geringer ein als Männer dies bei sich selbst tun. Objektive Gründe für diese Perspektive gibt es nicht: Selbstzweifel hemmen diese Frauen und trüben ihr Urteilsvermögen.

So wie es Frauen mit Selbstzweifeln gibt, die dafür keinen Grund haben, gibt es Männer mit unglaublichem Selbstbewusstsein, die hierfür ebenfalls keinerlei Grund haben. Dieser *gender bias*, also eine Unwucht in den Geschlechterrollen, schafft Tatsachen. Männer werden eher befördert und besser bezahlt, als gleich oder besser qualifizierte Frauen. Chefs fördern Ebenbilder statt Diversität. Blender machen die fleißigen Arbeiterinnen vergessen. Das Weltall dehnt sich munter aus, der Kreis weiblicher Top-Führungskräfte nicht. Zumal dort zuweilen auch noch das Bienenköniginnen-Syndrom zu beobachten ist. Was ist zu tun?

Es ist offensichtlich, dass mancherorts drittklassige Männer erstklassige Frauen blockieren. Die Personalverantwortlichen, ob in Aufsichtsrat oder Management, müssen diese Blockaden erst wegräumen; wenn man dann auf Qualität hält, werden Frauen unaufgefordert die Lücken füllen. Nicht die Frauen benötigen Verhaltensrichtlinien, etwa wie sie in einem männlich geprägten Umfeld überleben können. Die Männer müssen vielmehr verstehen lernen, dass sie nur durch Zusammenarbeit mit Frauen das Unternehmensinteresse pflichtgemäß fördern.

Weibliche Selbstreflexion stärkt das Selbstbewusstsein und hilft im Ergebnis auch den Männern bei ihrem notwendigen Lernprozess (hier verdanken wir Gertrud Höhler wichtige Hinweise):

- Wenn ich als Frau Chefs und Kollegen mit klugen Fragen ins Gespräch ziehe, werde ich um meine Meinung gebeten. Wer fragt, der führt.
- Ich kann Selbstkommentare abgeben ohne männliche Prahlerei.
- Wir Frauen haben mehr Optionen. Ich kann meine männliche Umgebung aber durch Haltung und praktisches Handeln davon überzeugen, dass meine Ungebundenheit nicht Unzuverlässigkeit bedeutet.
- Frauen differenzieren stärker. Wenn wir ein »gemischtes« Bild unseres Unternehmens, mit Licht und Schatten, zeichnen, erhöhen wir die Glaubwürdigkeit unserer Führung.
- Die fürsorgliche Frau in der Weltgeschichte gibt es immer noch. Wir lassen aber nicht zu, dass ausschließlich die Forderung, wir sollten fürsorglich sein, unser Handeln im

Unternehmen bewertet, während unsere männlichen Kollegen fröhlich eigennützig handeln dürfen.

- Wir wollen gern warten, bis andere von unseren Erfolgen sprechen – aber nicht zu lange.
- Wir bewahren unsere weiblichen Stärken und spielen bewusst nicht nach den Regeln der Männer. Unsere Empathie lässt uns Markttrends oft früher erkennen, unser multioptionales Denken verhindert zu frühe Fokussierung der Männer.
- Wir akzeptieren: Wer zart besaitet ist, kann nicht die erste Geige spielen. Aber wer sagt denn, dass das nur für Frauen gilt?
- Unsere Karriere ist kein Verzichtprogramm. Über Firma und Familie vergessen wir uns selbst nicht. Wir übernehmen Mitverantwortung und zeigen *commitment* wie jeder Kollege, für den Chef, für das Unternehmen und unsere Karriere.

Keine Opferrolle, aber auch keine platte *self-promotion*. Keine Nachahmung männlicher Erfolgsstrategien, aber weibliches Bewusstsein des schöpferischen Andersseins, das eigene Erfolge erringt und in der Zusammenarbeit nachhaltige männliche Erfolge wahrscheinlicher macht.

Ich denke, nichts davon hatte der brillante Journalist, FAZ-Herausgeber und Aphoristiker Johannes Gross im Sinn, als er vor über 30 Jahren die eingangs zitierte Sottise in seinen *Notizbüchern* durchaus selbstironisch niederschrieb. Was hätte er, ein Kind der Nachkriegszeit, zu den vorstehenden Gedanken gesagt? Vielleicht hätte er geknurrt: »Deutschland: Gibt es ein anderes Land, in dem die Randgruppen im Mittelpunkt stehen?« Weil eben Ironie sein Florett im Kampf für die Vernunft war.

»Man macht nur Fortschritte,
wenn mann nicht mehr weiter weiß.«

(Alberto Giacometti)

Wir sind gescheitert mit unserem Projekt, wir wissen nicht mehr weiter. Es hat doch bisher immer alles geklappt! Vielleicht suchen wir noch nach (Mit-)Schuldigen, um die Sache gesichtswahrend zu beenden. Aber wir sind in einer Sackgasse, eigentlich in ein Loch gefallen. Das kann durchaus eine existentielle Erfahrung sein.

»If you are in a hole, stop digging«, lehren uns die pragmatischen Amerikaner. Das erste Gebot lautet jetzt: »Du sollst keine Schuldigen suchen.« Vermeintliche oder wahre Dumme, Saboteure, Minderleister, Intriganten oder Ignoranten, die uns diesmal den Erfolg versagten, sind wie wir immer noch im Spiel, und wir könnten ihnen wieder begegnen. Nicht alle würden verbrannt bei einer Strategie der verbrannten Erde, und unser Überleben wäre nicht gesichert. Daran ist zu denken. Duckmäusertum? Mitnichten.

Es ist besser, das eigene Scheitern zu akzeptieren. Man scheitert immer an sich selbst. Warum? Weil man die eigenen Unzulänglichkeiten, die Interessen der Anderen nicht berücksichtigt und Sachfragen überbewertet hat. Als Konstruktivist weiß ich, dass wir alle dasselbe wahrnehmen, aber unterschiedlich bewerten. So schafft sich jeder seine eigene Welt.

Dieses Wissen macht den Kopf frei. Zunächst einmal: wir können den Anderen verzeihen. Ihre unterschiedliche Sicht der Dinge ist nicht unbedingt ein Angriff auf uns; sie bewerten die Fakten oder unsere Vorschläge eben anders. Also Friede, Freude, Eierkuchen? Keinesfalls. Wir können alles verzeihen, aber wir dürfen nichts vergessen.

Erinnerung ist ein genetisches Erbe, es hat nichts mit Rache zu tun. Es ermöglicht Fortschritte durch Lernen. Wenn wir meinen, vor dem Aus zu stehen, können wir unser Kompetenzmodell aktivieren: unsere persönliche und fachliche Kompetenz (z. B. Review unseres Projektansatzes), unsere sozial-kommunikative Kompetenz (warum hat sich der- oder diejenige in der Projektgruppe gegen mich gewandt?), unsere Handlungskompetenz (warum hat man mir die Umsetzung des Projekts nicht zugetraut?), unsere Feldkompetenz (was habe ich im Markt übersehen?). Jetzt wissen wir, was wir beim nächsten Mal besser machen.

Und schon krabbeln wir aus dem Loch heraus. Jetzt sieht die Welt, mit unseren Augen betrachtet, anders aus: Zwar bleibt die Schlacht verloren (und die Anderen wissen das noch), aber wir sehen jetzt Handlungsalternativen und treten wieder souverän auf. *Life is full of choices!* Wir haben im Dialog mit uns selbst Fortschritte erarbeitet.

Fortschritt wollen wir hier betrachten als eine positive Änderung eines Zustands, die durch Wachstum und Lernprozesse erreicht wird. Wir können uns selbst nicht ändern, wohl aber unsere Handlungen, Verhaltensweisen und Einstellungen. Nur reflektierte Erfahrung macht, dass wir immer besser werden: als Manager, *Professionals*, soziale Wesen und Persönlichkeiten.

Der Schweizer Bildhauer Alberto Giacometti, dessen Erkenntnis hier zitiert wird, hatte viele Schaffenskrisen und war immer voller Zweifel. Kubismus, Surrealismus, Existenzialismus, Ölbilder, zerbrechende Freundschaften mit Sartre und Picasso, kleine Skulpturen von max. 7 cm Höhe auf großen Sockeln – Sackgassen überall. Dann wurden die Skulpturen höher und schlanker, und seit über 50 Jahren bewundert die Welt Giacometti als den bedeutendsten Bildhauer des 20. Jahrhunderts, nach Rodin.

»Man glaubt nicht, wie schwer es oft ist, eine Tat in einen Gedanken umzusetzen.«

(Karl Kraus)

Sie lesen richtig: der Annahme, jedem Tun müsse ein Gedanke, eine logische Begründung vorausgehen, wird hier widersprochen. Und wirklich bemerken wir oft Prozessänderungen oder Umorganisationen in unseren Unternehmen, bei denen wir uns fragen: warum wird das gemacht? Natürlich gibt es immer Begleittext wie z. B. ›Kostenabbau‹ oder ›Effizienzsteigerung‹. Zwei Abteilungen werden zusammengelegt; die Folge: Serviceverschlechterung. Die vorgenannten Begründungen hätten ja wohl die Konsequenzen auf der Kundenseite berücksichtigt. Ging es in Wirklichkeit etwa um den Abbau eines missliebigen Abteilungsleiters?

Beispiel Fusionen. »Wir müssen wachsen! *Economy of scale*, industrielle Logik, alternativlos, Synergien, *a perfect fit*« – so wird eine Fusion oft begründet. Strategie oder *Bullshit Bingo*? Im Ergebnis werden die angekündigten Ziele meist nicht erreicht, und alle fragen sich: warum haben die das gemacht? Was waren die Motive? Waren doch die Habsburger über Jahrhunderte erfolgreich mit ihrem *»Melius bene imperare quam imperium ampliare«* (Besser das Reich gut regieren als es erweitern).

Motive sind individuelle Beweggründe für das Verhalten von Personen. Einzelne Personen können ein Unternehmen prägen. Ihre Beweggründe bedienen sich dann im besten Fall betriebswirtschaftlicher Logik, um ein Ziel (also die Befriedigung eigener Bedürfnisse, wie Machtstreben, Anerkennung oder Risikofreude) zu erreichen, im schlechtesten Fall werden nur Partikularinteressen durchgesetzt. Entscheider dienen allen *stakeholders* des Unternehmens oder eben den Eigeninteressen. Wir ahnen: die Wirklichkeit liegt irgendwo dazwischen, keinesfalls in der Mitte, und wir verstehen: die Erfolgsaussichten einer Tat steigen mit den Gedanken, die man zuvor möglichst vielen Beteiligten gewidmet hat.

Das Modell der individuellen Motivstruktur, der persönlichen Antriebe, deren »Push« beim Menschen ständig als erfolgreich erlebte Handlungen auslöst, lässt sich auf das Unternehmen nicht übertragen. Dort geht es um den »Pull« anschlussfähiger Ziele, hinter die sich möglichst viele tüchtige Mitarbeiter und Führungskräfte scharen: hier können sie eigene Ziele mithilfe des Unternehmens erreichen, gemeinsame Werte leben und eigene Antriebskräfte/Motive zur Geltung kommen lassen. Ihr Tun entspringt ihrer Motivation.

Ehrgeizige Ziele, hohe Unsicherheit und extreme Widerstände können uns aber an die Grenzen der Motivation heranführen: »Das tue ich mir nicht mehr an« oder »Das macht keinen Spaß mehr«. Jetzt kommt es auf die Volition an, die Willenskraft.

Volitionale Kompetenz zeichnet die erfolgreiche Führungskraft aus – die Fähigkeit, über das Streben nach Befriedigung eigener Motive hinauszugehen, zum Wohle des Ganzen. Ob Bauchentscheidung oder Analyse, Unternehmerinstinkt oder Schwarmintelligenz des Vorstandes – die Wirksamkeit der Führung entscheidet sich letztlich am Wollen der einzelnen Führungskraft. Sie muss für jeden im Unternehmen die Sinnfrage beantworten: »Wer sind wir, wofür sind wir hier und wo wollen wir hin?« Aktionismus nach dem Motto »Wir müssen was tun!« entlarvt den Versager.

Wir haben leider Grund zu der Annahme, dass 90 % des Top- und Middle-Managements ihre Aufgaben zu einem großen Teil hyperaktiv oder zögerlich, also vermutlich erfolglos oder unwirksam erledigen – nur 10 % sind immer fokussiert. Hier schlummert eine riesige Führungsreserve, nicht nur in der Wirtschaft. Einhundert Jahre vor Karl Kraus (österr. Schriftsteller und Journalist 1874–1936) sagte Goethe es so: »Es ist nichts schrecklicher als tätige Unwissenheit.«

ZIEL

»Es gibt nur ein Ziel, aber keinen Weg; was wir Weg nennen, ist unser Zögern.«

(Franz Kafka)

Das ist nun eine unbequeme Lebensweisheit: es zählt nur das Ziel. Der Weg dahin, unser Bemühen, hängt ab von unserem Geschick und sollte möglichst kurz sein – damit wir aufbrechen können zu neuen Zielen. Ein teleologischer Standpunkt: alles muss Ziel und Zweck haben.

Wie anders doch die bräsige Redewendung, die in aller Munde ist: »Der Weg ist das Ziel», eine Exkulpation für die bequeme Weigerung, sich vermeintlich nutzlos anzustrengen. Wollen wir unser Leben vertändeln? Kann man mit einer solchen Maxime eine Abteilung, ein Unternehmen führen?

Das Ziel muss einen Sinngehalt haben. Planerfüllung ist kein Ziel: Plan erfüllt, aber der Plan war Mist?! Das Ziel muss mit Bedeutung aufgeladen werden, wenn es attraktiv sein soll für unsere Mitarbeiter und uns.

Nehmen wir als Beispiel eine Wanderung über Hunderte von Kilometern auf den spanischen Jakobswegen, wie ich sie mit Freunden unternommen habe. Abends in den Herbergen und Cafés trafen wir oft junge Leute, die alles hinter sich gelassen hatten: Wohnung, Job, Beziehungen. Warum? »Der Weg ist das Ziel!«

»Was soll durch diese Wanderung in Deinem Leben anders, besser werden?«, fragten wir. Unklare Erwartungen wurden geäußert, Hoffnung auf Eingebungen unterwegs, oder dass sich inzwischen alles von selbst regeln möge. Manche sah ich dann wieder in Santiago de Compostela, auf dem Platz vor der riesigen Kathedrale sitzend, nach über 700 km Wanderung auf dem Camino Francês etwa, mit leerem Blick, ausgepowert. Dieser Zustand lässt sich treffend mit Bert Brecht beschreiben: »Wir stehen selbst enttäuscht und seh'n betroffen / den Vorhang zu und alle Fragen offen.« Der Jakobsweg war nicht das Ziel, sondern stand für das Zögern, das eigene Leben neu zu gestalten. Santiago als Endpunkt der Pilgerfahrt hatte keine Bedeutung.

Die Selbsterfahrungen unterwegs (Warum tue ich mir diese Anstrengungen an? Die Unbequemlichkeiten? Was bedeuten mir die Begegnungen unterwegs? Ist mein Selbstmanagement okay?) beantworten noch nicht die Sinnfrage, die jedem auf Zufriedenheit gerichteten Streben zugrundeliegt: Was will ich?

Wir müssen nicht die große Keule der metaphysischen Frage nach den letzten Gründen des Seins schwingen. Es genügt, wenn wir uns in Redlichkeit und jenseits weltanschaulicher Unterschiede um die Beantwortung der obigen Frage bemühen: Was will ich wirklich? Was ist mein Ziel in diesem Projekt, in dieser Lebensphase, in diesem Job, in dieser Beziehung? Und wie kann ich das wissen?

Zur Veranschaulichung schlage ich eine einfache Mechanik vor: Jeder von uns spürt drei bis fünf starke Antriebe oder Motive in sich, die seit Kindestagen als erfolgreich erfahrene Handlungen ständig auslösen – wir streben nach Macht oder

Anerkennung oder Risiko oder Sicherheit oder Wettbewerb etc. Hierfür wählen wir Handlungsziele aus, die sich für uns gut anfühlen: wir verbinden unsere Antriebe mit individuellen Wertvorstellungen, die unserem Handeln Richtung und unseren Zielen Bedeutung geben. Kreismeister im Kirschkernweitspucken, Bereichsleiter Finanzen oder Nobelpreisträger – jeder fühlt in Übereinstimmung mit seinen Fähigkeiten, welches Ziel ihm gemäß ist, dessen Erreichung ihn zufrieden, froh, in seltenen Momenten glücklich macht.

Kafkas Weg durch sein kurzes Leben war weit und beschwerlich: Sozialismus; Studien von Chemie, Jura, Germanistik, Kunstgeschichte, dann wieder Jura; Versicherungsobersekretär; industrielle Produktion und Technik. Sein Ziel kennen wir nicht, ahnen aber, dass es weniger die Summe seiner literarischen Werke war als vielmehr das nächtliche Schreiben nach dem Brotberuf – vielleicht gar als stilisierte Aufopferung des Lebens.

»Erfolg ist der Lehrmeister der Dummen.« (I)

(Titus Livius)

Dieses »Eventus stultorum magister est« des römischen Geschichtsschreibers Livius ist zunächst einmal irritierend: Ist Erfolg kein Vorbild? Führt er gar in die Irre, obwohl Erfolge doch offensichtlich von tüchtigen, klugen Menschen erzielt werden? Wir Deutschen haben Leopold Ranke im Kopf: »Nichts ist überzeugender als der Erfolg.« Aber hier müssen wir Wirtschaftler den Historikern doch auf die Finger schauen.

Erfolg haben wir zunächst einmal durch Differenzierung von anderen. Er bezeichnet die Erreichung selbstgesetzter Ziele. Erfolg ist somit kein neutrales Resultat, sondern kommt zustande (oder wird verfehlt) durch unsere eigene Bewertung des Erreichten. Erfolg ist also ein persönliches Konstrukt. Mir scheint, dass Livius hierauf hinweisen wollte: Was der eine als Erfolg ansieht, kann für den anderen ein Fehlschlag sein. Erfolge sind personalisiert.

Erfolg hängt aber nicht nur von der eigenen Wertung ab, sondern auch von der Bewertung durch das Umfeld – Livius' zweiter Hinweis. Selbstüberschätzung, Neid oder auch mangelndes Selbstbewusstsein können die eigene oder fremde Erfolgsbewertung verändern. Es ist wie in der Quantenphysik: Gegenstände ändern ihr Wesen durch das Beobachtetwerden.

Damit nicht genug: Die Erfolgsvoraussetzungen können individuell und zeitlich unterschiedlich sein, so dass Nachahmung keine Erfolgsgarantie ist. Man kann Erfolg nicht einfach reproduzieren – die dritte Dimension in Livius' Ausspruch.

Damit relativiert er den Erfolg in vielfältiger Weise:
- Erfolg ist subjektiv.
- Erfolg wird auch durch Dritte beurteilt.
- Erfolg kann nicht einfach nachgeahmt werden, weil seine Voraussetzungen an Bedingungen geknüpft ist, die nicht alle von jedem kopiert werden können.

Erfolg ist also wertlos? Ganz sicher nicht, aber er ist nicht ein absolutes Ereignis wie die Weltbestzeit im Hundertmeterlauf. Für uns ist er die Erreichung eines Ziels, wichtig im Sinne der Systemtheorie: Erfolg ist Überleben. Also essentiell, nicht *nice to have*.

Balanced Score Cards und *Key Performance Indicators* setzen uns Ziele, deren Erreichen wir als objektiven Erfolg verbuchen können. Deshalb spielen wir gegen das System: beim Personalabbau (gemessen in FTE = Full Time Equivalents) opfern wir die Assistentin statt den Abteilungsleiter, der danach einen Assistentenjob hat; wir durchgründen das in sich geschlossene Kennzahlensystem nach Manipulationsmöglichkeiten und werden immer fündig. Wir arbeiten prozessbezogen statt ergebnisorientiert, weil uns der Zielgeber das so vorgesetzt hat. So erreichen wir die uns verordneten Ziele, aber man möchte mit Pyrrhus seufzen: »Noch so ein Sieg, und wir sind verloren.«

Voran bringt uns und das Unternehmen nur das Erreichen selbstgesetzter Ziele. Sei es, indem wir uns die Unternehmensziele zueigen machen nach dem Kant'schen Motto: »Ich kann, weil ich will, was ich muss«, sei es, dass wir unsere persönlichen Visionen mithilfe des Unternehmens verwirklichen können. Nur das Erreichen eigener Ziele kann unseren erfolgreichen Bemühungen Erfolg erwerben, der unsere unverwechselbare Handschrift trägt und anerkannt wird. Beständigkeit der Ziele, Reflexion unserer Fehlschläge und harte Arbeit sind dann das Geheimnis unseres Erfolgs.

Erfolg sollten wir als Fortschritt des Ganzen (dessen wesentlicher Teil wir sind) betrachten, Schlagworte wie Gerechtigkeit, Effizienz oder Größe als Erfolgssynonyme ablehnen. Ameisen versus Saurier – Sie wissen, wer gewonnen hat!

Den Erfolg anderer nachahmen zu wollen heißt, die eigene Identität aufzugeben, sich gering zu schätzen, Kreativität nicht zuzulassen, zuzugeben, dass einem nichts mehr einfällt. Das ist die intellektuelle Minderleistung, der Mangel an Urteilskraft, die Dummheit oder Torheit, von der Livius vor 2.000 Jahren schrieb. Er hat heute noch Recht.

»Eventus stultorum magister est.« (II)

(Titus Livius)

Der Erfolg, den der römische Geschichtsschreiber hier als Lehrmeister der Dummen bezeichnet, ist das Rauschmittel der Narzissten. Es sind mehr Führungskräfte an ihren Erfolgen gescheitert als an ihren Fehlern.

Es gilt allgemein als selbstverständlich, dass ein Manager seine Misserfolge analysiert; die Fehlschläge werden schon auch etwas mit ihm selbst zu tun haben. Manche werden dafür hoch geachtet, dass sie das Ergebnis ihrer Untersuchung schonungslos im Führungskreis bekanntgeben; sie überleben diese noble Attitüde allerdings nur in wertegesteuerten Unternehmen.

Bei Erfolgen ist alles anders. Sie sprechen für sich selbst, oder besser noch: für den *manager in charge*. Erfolge werden nicht hinterfragt oder analysiert. Dabei wäre gerade dies wichtig für das Wohl des Unternehmens. Mit welchen Maßnahmen, unter welchen Umständen ist das gute Ergebnis erzielt worden? War dies unser Ziel?

Stattdessen wird der Erfolg oft durch einzelne Fach– und Führungskräfte usurpiert als Attrappe der eigenen Kompetenz. Was wie ein Moment der Schwäche, des Schwindelns erscheint, hat meist tiefere Ursachen. Trittbrettfahrer fremder Errungenschaften sind nicht einfach Opportunisten; sie sind zutiefst verunsicherte Menschen, die der Anerkennung durch andere mehr trauen als ihrem Selbstwertgefühl. Eine narzisstische Persönlichkeitsstörung, ein geringes Grundgefühl intersubjektiver Anerkennung, verlangt nach ständiger Kompensation durch behauptete oder tatsächliche persönliche Erfolge.

Lässt die Organisation die Vereinnahmung von gemeinsamen Erfolgen durch Einzelne zu, tritt eine gefährliche Blickverengung ein. Zum einen entwickeln solche Führungskräfte induktive Verhaltensweisen: ›Ich hatte einmal Erfolg, also werde ich immer erfolgreich sein!‹ Zum anderen mutiert das Streben nach Gewinnen im Markt zum internen Kampf um fremde Federn, was für das Unternehmen natürlich völlig unproduktiv ist. Man wird erinnert an die Auskunft jenes sibirischen Gouverneurs, der auf die Frage des Zaren, wovon die Leute dort lebten, antwortete: »Sie besch...en sich gegenseitig.«

Erfolg muss im Unternehmen immer als Fortschritt des Ganzen auf dem Weg zum Ziel eingeordnet werden. Wer sich selbst (und andere) betrügt durch die Zurechnung fremden Gelingens als eigenes Verdienst, schafft eine Kultur des Misstrauens und des Zynismus im Unternehmen.

Aber es ist nicht immer maligner Narzissmus, der den Erfolg zum falschen Lehrer wählt. Mindestens ebenso häufig haben wir es mit einer Selbsttäuschung der Führungskraft zu tun. Wenn das eigene Urteilsvermögen schwach ausgebildet und die Bequemlichkeit groß ist, wird ein einmal erreichter Sukzess zum Patentrezept. Was einmal geholfen hat, hilft immer. Die immer gleiche Rezeptur soll nun alle Krisen und Krankheiten im Unternehmen heilen. Der Umsatz steigt? Wir investieren in neue Kapazitäten. Der Umsatz fällt? Wir streichen Arbeitsplätze und Fabriken, wie damals.

Vergessen Sie Ihre Erfolge. »Was noch zu leisten ist, das bedenke; was du schon geleistet hast, das vergiss«, lautet ein Aphorismus von Marie von Ebner-Eschenbach. Das Feiern unserer Erfolge im Heute verstellt den Blick für die Notwendigkeiten von morgen. Innovationen gelingen nicht in saturierten Unternehmen, Kreativität entsteht nur, wenn wir hungrig an leeren Tischen sitzen. Nur Not macht erfinderisch.

Und wenn andere Ihre Erfolge kopieren wollen? Ärgern Sie sich nicht über solche Dummheiten, sie könnten Ihre Chance sein.

»Ich will lieber eine Ungerechtigkeit begehen als Unordnung ertragen.«

(Johann Wolfgang von Goethe)

Das ist schwer hinnehmbar in dem halben Centennium seit 1968, als die Sonne der Ethik etwas tiefer stand und die Moral, ihre kleine Stiefschwester, lange Schatten warf. »Besser Ungerechtigkeit als Unordnung!«, klingt es aus dem späten 18. Jahrhundert herüber – »Unrecht ist, was gegen die Interessen unserer Gefolgschaft verstößt!«, fordert dagegen die Wählerbewirtschaftung aller Parteien. Und Ordnung? Die Ordnungsvorstellung der jeweils anderen wird als Unordnung diffamiert, Änderungen des Status quo zum Vorteil der eigenen Klientel als Gerechtigkeit annonciert. Politik ist auch Kampf um die Deutungshoheit. Sie suggeriert manchmal, Gerechtigkeit sei ein Recht ›zum Anfassen‹, und diese Sichtweise zieht zuweilen Leute an, die haptisch im Umgang mit der Verfassung eher Grobmotoriker sind.

Anders in unseren Unternehmen, obwohl sie Teil derselben Gesellschaft sind. Grundlage für ihr Funktionieren ist eine feste, durch Management und Mitarbeiter gutgeheißene Ordnung. Ob Ablauf- oder Aufbauorganisation, Strategie oder Taktik, Hierarchie oder Teamvernetzung, Matrix oder eindimensionale Führung – kein Management ohne lineare Ordnung. Sie macht schließlich jedes Entscheiden und Handeln nachvollziehbar und gibt damit Sicherheit. Das Denkbild ist der Kosmos, die feste Weltordnung. Sein Gegenbild, das Chaos, bedeutet vollständige Unordnung und Verwirrung. Im Kosmos ist geordnetes, zielgerichtetes Handeln aufgrund bekannter Regeln und Interdependenzen möglich, im Chaos – einer nichtlinearen Ordnung – eben nicht. Unternehmen müssen aber durch eigene Maßnahmen Ziele erreichen.

Ordnung primär – Gerechtigkeit sekundär: der Welterklärer Goethe (1749–1832) wäre also in Übereinstimmung mit heutiger Managementlehre?

Gerechtigkeit meint einen idealen Zustand des sozialen Miteinanders mit Interessenausgleich, Güter- und Chancenverteilung. Damit ist sie ein Gebot der Sittlichkeit auch für Unternehmen, die hiermit wie mit anderen Geboten auch (z. B. dem Betriebsverfassungsrecht) umgehen können. Problematisch ist für die Unternehmensleitung etwas anderes:

Die Politik, die Öffentlichkeit braucht und auch unsere Mitarbeiter erreicht, begreift Gerechtigkeit nur noch als institutionell, als Vertragsbeziehung zwischen Gruppen, über die interessengeleitete Organisationen wie Gewerkschaften, Arbeitgeberverbände oder Parteien wachen. Das bedeutet nichts Gutes für den Einzelnen, denn seine individuellen Interessen gehen unter. Aus Gleichberechtigung wird Gleichheit, laute Minderheiten dominieren u. U. schweigende Mehrheiten. Eine institutionelle, korporative Gerechtigkeit, die sich selbst definiert, dringt ein in die konsensuale Ordnung von Unternehmen.

Die Führungskraft tut deshalb gut daran, personale Gerechtigkeit zu üben als Eigenschaft und Tugend eines reflektierenden *leaders,* der wertbezogene Postulate seines Unternehmens aus voller Überzeugung lebt. Seine Beziehung zu Mitarbeitern ist kein Herrschaftsverhältnis, er schuldet ihnen gleichwohl keine

Rechenschaft. Am besten ist die ideale Chef-Mitarbeiter-Beziehung im beiderseitigen Rollenverständnis bezeichnet mit *fairness* und Vertrauen.

Darüber hinaus muss Gerechtigkeit auf das Rechtssystem innerhalb und außerhalb des Unternehmens beschränkt bleiben. Misstrauen Sie jedem in Ihrem Betrieb, der Gerechtigkeit fordert – er will unberechtigte Interessen durchsetzen. Hören Sie jedem aufmerksam zu, der Recht fordert – das können Sie gemeinsam überprüfen. Und für alles andere hat der wirksame Manager eben seine eigenen Werte, die ihn personale Gerechtigkeit üben lassen, und die Werte des Unternehmens – zur Aufrechterhaltung der dort vorgegebenen Ordnung.

»Erstritten ist besser als erbettelt.«

(Marie von Ebner-Eschenbach)

Wer kennt sie nicht im Unternehmen, diese kleinen Deals: »Ich rede dir jetzt nicht rein, dafür lässt du mich beim nächsten Mal machen.« Gerade Führungskräfte müssen sich zunehmend damit auseinandersetzen, dass sie in Matrixorganisationen, Teams, bei Projekten und ehrenvollen Sonderaufträgen immer weniger allein entscheiden. Sie sind gehalten, sich mit Führungspartnern (*peers*) abzustimmen, die andere Spezialkenntnisse, Zuständigkeiten, Erfahrungen haben – oder auch nur andere persönliche Interessen.

Also loten wir aus. Natürlich sind wir davon überzeugt, dass unser Beschlussvorschlag im Interesse der Kunden und des Unternehmens liegt (der unzweifelhafte Erfolg wird zudem unsere Karriere befördern). Die Kollegen sind nicht so tief im Thema wie ich, also sollen sie mich mal machen lassen; und wenn die mich mal für ihre Vorhaben brauchen, werde ich auch nicht rumzicken. *»I owe you a favour!«*

Deal done. Oft geht es gut, Konflikte wurden vermieden, Entscheidungen schnell getroffen, alle können zufrieden sein. Und wenn es schiefgeht: wir haben schließlich gemeinsam entschieden, keiner ist schuld! Okay, der nächste Deal im Führungskreis wird schwieriger, man muss noch eindringlicher oder drohender betteln um Zustimmung, weil einige Kollegen nachtragend sind – aber die haben auch Leichen im Keller! Sie ahnen, wo das hinführt?

Das einvernehmliche Aushebeln der *checks and balances* der Führungsorganisation führt zu falschen, allenfalls mediokren Entscheidungen. Das gesammelte Urteilsvermögen der Menschen, die das Unternehmen ausmachen, zusammen mit Kunden, Eigentümern und Lieferanten, wird nicht abgerufen. Viele kleine Fürstentümer entscheiden ohne Blick auf ein lebensfähiges großes Ganzes.

Deals der beschriebenen Art vermeiden Konflikte, und das ist schade. Konflikte sind nicht Problem, sondern können Lösung sein. Der Konfliktforscher Gerhard Schwarz sagt uns, wie es geht: Unvereinbare Handlungsalternativen werden beschrieben und im besten Fall eben nicht gelöst durch *deals*, die einer Flucht gleichkommen; auch nicht durch Vernichtung des Gegners entschieden oder durch eigene Unterordnung oder Delegation nach oben verwischt. Sie werden durch Streit einem Kompromiss oder gar Konsens, jedenfalls einer Lösung im Interesse des Unternehmens zugeführt.

Ein solcher Streit, der offen ausgetragen wird, bedeutet, dass der andere recht haben könnte. Nicht Selbstzweifel, sondern Haltung spricht hieraus: ›Ich habe eine andere Meinung. Auch ich weiß nicht alles, aber was ich weiß, bringe ich mit Überzeugung ein.‹ Das zeigt Respekt für das Gegenüber und erwirbt Respekt. Das Ergebnis kann Dissens, Übereinstimmung oder Kompromiss sein, in dem man mal unterliegt, mal obsiegt, aber als Führungspersönlichkeit immer gewinnt.

Was wollen wir sein: Sieger oder Gewinner? Sie ahnen es: die Zeitachse zählt. Wir siegen heute und setzen unseren *business proposal* durch. Beim nächsten Mal aber sind wir Gefangene. Wir winken Entscheidungsanträge von Kollegen durch, taub und ohne Urteil, als ob wir deren Urteilskraft höher schätzten als unsere eigene, und fügen uns seiner Macht, die wir ihm mit dem *deal*, der Bettelei, eingeräumt haben.

Macht aber bedeutet, nicht lernen zu müssen, und Macht kennt nur Sieger, keine Gewinner. Wenn wir für unsere Sache streiten, lernen wir und werden gewinnen – mit Hinfallen und Aufstehen. Unsere Willenskraft macht uns zu Gewinnern, Betteln bei Schwachen aber zu schalen Siegern. »Zwischen Können und Tun liegt ein großes Meer, und auf seinem Grunde die gescheiterte Willenskraft«, schrieb Marie von Ebner-Eschenbach (1830–1916) vor mehr als 200 Jahren.

Die aus schwierigen adligen Verhältnissen stammende Schriftstellerin, von der wir heute wenig mehr lesen als ihre Aphorismen, machte keinen *deal* mit ihrer Zeit. Der Unterstützung ihres Mannes gewiss, dachte sie laut und frei vor sich hin – sie kann (über eine Sonderbriefmarke von 1980 weit hinaus) auch Frauen neue Wege in die Führungsebenen weisen, jenseits aller Quoten.

»Neid tarnt sich immer mit Moral.«

(Bernd A. Wilken)

Es gibt den konstruktiven, gönnerhaften Neid, der keine Besserstellung verlangt und im besten Fall als Ehrgeiz daherkommt. Der Chef, der seinen Mitarbeiter um seine Erfolge im Leistungssport beneidet; der Großvater, der neidvoll erleben muss, wie schnell seine Enkelin vor dem gemeinsamen Ausritt im Sattel sitzt; der Freund, der uns das Managergehalt neidet, aber sein eigenes Leben als Lehrer oder Künstler nicht eintauschen möchte – sie alle kennen ihre Grenzen und wohl auch unsere. Sie freuen sich am eigenen Glück und zugleich an unserem Erfolg. Ihr Selbstbewusstsein sagt klug: ›Ich kann eben etwas anderes besser‹, sie verspüren Freude am Gelingen des anderen und allenfalls ein leichtes Bedauern.

Das Zitat im Titel meint dagegen den destruktiven Neid, übrigens eine der sieben Hauptsünden im frühen Christentum, die uns als Missgunst entgegentritt. Sie äußert sich beim Neider als Empfinden, eine Besserstellung des anderen sei ungerecht. Sofort entsteht der Wunsch, entweder über zumindest gleichwertige Güter wie die beneidete Person zu verfügen oder – einfacher – das Verdienst des anderen zu schmälern oder – besser noch – in einen moralisch zweifelhaften Zusammenhang zu rücken.

Die Abteilung eines Kollegen ist erfolgreicher? Kein Wunder, er ist allgegenwärtig, arbeitet viel und vernachlässigt wahrscheinlich seine Familie; seine Kinder sollen ja Schulprobleme haben. Wie man hört, kennt sein Schwiegervater den Finanzvorstand, das sind eben *connections*, die unsereiner nicht hat. Die eigentliche Arbeit in seiner Abteilung machen sowieso die Gruppenleiter. Der Mann ist eben ein Blender! Solche Missgunst bedient sich der Moral als Waffe: »Das ist Selbstsucht, übertriebener Ehrgeiz, Rücksichtslosigkeit, Lug und Trug – das gehört sich nicht!«

Aber schon Casanova wusste: »Die Tochter des Neides ist die Verleumdung.« Natürlich gibt niemand den negativ konnotierten Charakterzug des Neides zu. Auch politische Gruppierungen bauen für ihre Klientel gern den Popanz einer nicht näher definierten Gerechtigkeit auf, um Sozialneid auf ihre Mühlen zu lenken. So wird unser Vorzug oder Erfolg in den Kontext abweichender Handlungsmuster gesetzt: Erfolg? ›Nur durch Betrug am anderen‹ – als wäre das Leben ein Nullsummenspiel! Leistung? ›Rücksichtslosigkeit gegenüber Schwächeren‹ – als würden es denen ohne unsere Anstrengung besser gehen! Starke Marktposition? ›Totengräber des Mittelstands‹ – als wenn der Kunde nichts zu sagen hätte!

Die Moral als kleine Münze der Ethik wird hier zum Buhruf subjektiver Ablehnung. Wenn einmal die Deutungshoheit über Begriffe erobert ist, können Diskussionen über die zugrundeliegenden Tatbestände eingehegt, ja gänzlich unterbunden werden. Verstöße gegen eine solcherart im politischen Diskurs verordnete Moral werden dann stärker sanktioniert als Verstöße gegen ethische Grundsätze.

Aber auch auf der angeblich oder tatsächlich bevorteilten Seite wird der Neid gern als Kampfbegriff benutzt zur Diskreditierung der Unterprivilegierten, etwa um einen der Gesellschaft u. U. nützlichen, weil befriedenden Ausgleich zu verhindern. Wenn Neid im Spiel ist, geht es immer um Interessen statt um Überzeugungen. Das ist in Unternehmen nicht anders.

Wir müssen unsere Unternehmen vor korporativen Neiddebatten schützen, die so interessengeleitet sind wie eine Gerechtigkeitsdebatte. Wenn es keine Moral dahinter gibt, mit der unser Unternehmen und seine Beschäftigten sich identifizieren können, verweisen wir auf Recht und Gesetz, es geht nicht anders.

Wie können wir als Führungskräfte persönlich mit dem destruktiven Neid anderer umgehen? Wir sollten den Neider bemitleiden – und im Auge behalten: »Wer den Überlegenen beneidet, verachtet den Unterlegenen« (aus Japan). Es fällt den meisten von uns schwer, Neid als eine *coole* Form der Anerkennung zu sehen. Selbst kämpfen wir zwar bei einem Auftritt, bei dem uns Anerkennung versagt wird, lieber um den Neid als um das Mitleid des Auditoriums. Der Neider (auch der in uns) verdient aber unser Mitleid, da er unfähig ist zur Zufriedenheit. Er vergleicht die Belohnungen, die er erhält, mit denen, die andere empfangen. Vergleichen aber macht unglücklich.

Nietzsche erkannte den Neid als »Schamteil der menschlichen Seele« – jeder hat es, keiner zeigt es gern vor. Eine Folgerung hieraus: »Wer den Neid nicht ertragen kann, muss auch den Ruhm nicht wollen« (Ernst Raupach).

»Instinkt wiegt Intelligenz auf.«

(GUSTAVE FLAUBERT)

Auch Begriffe können wir nur im Kontext ihrer Zeit richtig deuten. Flaubert als Kind des 19. Jahrhundert verstand unter menschlichen Instinkten wie seine Zeit ein angeborenes, tierähnliches Verhalten ohne reflektierende Kontrolle und Erfahrung. Was er damals meinte, dürfen wir heute getrost gleichsetzen mit Intuition: einer gefühlsmäßigen Ahnung, mit Einsichten ohne diskursiven Verstandesgebrauch, Bauchgefühl oder *gut feeling* eben.

Bei Unternehmern bewundern wir diese Gabe, und auch Führungskräfte tun sich viel zugute auf ihr Bauchgefühl. Es scheint sich nämlich um eine zentrale Fähigkeit zur Informationsverarbeitung in hochkomplexen Entscheidungssituationen zu handeln, die dem Intellekt an Schnelligkeit überlegen ist. Dürfen wir deshalb die Intelligenz eines Managers geringschätzen? Seine kognitive Leistungsfähigkeit, die Logik? Die Öffentlichkeit liebt schließlich den Bauchtypen, auch wenn er scheitert.

Das Zitat wägt die Intelligenz des Unbewussten (die Intuition) und des Bewussten gegeneinander ab und befindet den Intellekt zu leicht. Unsere Intuition verarbeitet gefühlsmäßig und unbewusst viele Informationen; wir stehen unter Zeitdruck, verwerten nur das in diesem Moment vorhandene Wissen und entscheiden anhand latenter Parameter. Unser Intellekt verarbeitet demgegenüber in einem längeren Zeitraum weniger Informationen; er wird getrieben durch den Wunsch nach mehr Wissen und schafft mit Hilfe der Logik eine eingegrenzte Entscheidungssituation. Welches ist nun die sicherste Form der Erkenntnis?

Wir werden nicht den Instinkt der Lemminge der Planung dirigistischer Staaten gegenüberstellen wollen. Gesunder Menschenverstand bleibt überall hilfreich, und wir werden immer unseren Intellekt, unser Erkenntnisvermögen, den Sachverstand und Rat anderer bemühen. Doch die Intuition, eine evolutionstheoretische Erklärungsgröße, erreicht offenbar auch Ziele, die uns zuvor so nicht bewusst waren.

Das führt uns zu Fragen wie: Beruht Intuition sowohl auf biologischen als auch sozialen Faktoren? Sind Frauen hier begabter als Männer? Lernt Intuition aus Fehlern? Ist sie erlernbar, kann man sie trainieren? Ist sie für Dritte nachvollziehbar? Diesen Fragen nachzugehen, ist wissenschaftlich sicherlich reizvoll; sie verlieren aber an Bedeutung, wenn man sich vom Gegensatz »Intuition vs. Intellekt« löst.

Wir Führungskräfte brauchen nämlich beides. Der Verstand analysiert und extrapoliert, auf Sicht fahren wir fast unfallfrei. Er kann aber auch das Undenkbare denken. Schließlich werden weltbewegende Entwicklungen häufig ausgelöst durch Ereignisse, die unserer Imagination und Erfahrung nicht zugänglich waren.

Während Intuition durch ein nützliches Maß an Unwissen und Vergessen funktioniert, speichert der Intellekt Wissen und verknüpft es. Logische Normen sind aber blind für Inhalte und Kultur und lassen unbewusste Fähigkeiten und Umweltstrukturen außer Acht, wie Gerd Gigerenzer in seinem brillanten

Buch »Bauchentscheidungen« schreibt. Die Folge: auch ein mediokrer Vorstand trifft in seiner Gesamtheit bessere Entscheidungen als ein Spezialist.

Da aber der Intuition Überzeugungen zugrunde liegen, die auf Hörensagen und blindem Vertrauen, auf Glaubenssätzen beruhen, ist ihr Ergebnis schwer zu rechtfertigen und nachzuvollziehen. Im Management geht daher die Intuition an der Krücke des Intellekts, der die Eingebung durch Fakten unterstützen soll – manchmal als Alibi.

Superiore Entscheidungen gelingen uns, wenn Intuition und Intellekt frei zusammenwirken: die Eingebung hat die Vorhand, wenn es kompliziert ist und schnell gehen muss; der Verstand überprüft das Handeln immer wieder. Umgekehrt meldet sich unser Bauchgefühl, wenn sich eine Kopfentscheidung falsch anfühlt.

Gefühl und Verstand können beide fehlgeleitet werden, sind aber entwicklungsfähig. Sie sind wie Pferd und Reiter: zusammen erbringen sie Leistungen, die dem Einzelnen nicht möglich sind. Mut gehört dazu, und Vertrauen: Bauchentscheidungen zu treffen, wenn nötig, und sie dann vor dem eigenen Verstand, vor Kollegen und Mitarbeitern zu vertreten, notfalls auch in Frage zu stellen. Wir Manager wissen: Die Notwendigkeit, zu entscheiden, reicht weiter als unsere Möglichkeit zu erkennen (Immanuel Kant).

»Die Notwendigkeit, zu entscheiden, reicht weiter als unsere Möglichkeit zu erkennen.«

(Immanuel Kant)

Wir verdanken Nassim Taleb (»Der Schwarze Schwan«) die Popularität der Erkenntnis, dass extrem unwahrscheinliche Ereignisse, die aber einen starken Einfluss haben könnten, in der Unternehmensplanung nicht berücksichtigt werden. Der Eintritt unvorhersehbarer Geschehnisse erzwingt jedoch die Abkehr von geplantem Handeln, weil sich die Rahmenbedingungen dramatisch geändert haben – über Nacht oder in einem schleichenden, unbeachteten Prozess.

Ob Verluderung großer Teile der Bankwirtschaft oder Verschuldungswettlauf von EURO–Staaten – schleichende Entwicklungen werden nicht erkannt, bis »Einzelfälle« wie die Schließung der (nur in den USA bedeutenden) Bank Lehmann Brothers oder die Zahlungsunfähigkeit der kleinen Republik Irland als Menetekel erscheinen. War das vorhersehbar? Oder musste man es zumindest für möglich halten?

Einzelhandel im Internet, Schiefergas statt Ölbohrungen, China weltgrößter Exporteur – nichts davon hatten wir 2003 auf der Rechnung. Jahresplanungen gingen auf, die Strategien waren Fortschreibungen der Vergangenheit mit Zweckoptimismus. Bei Diskontinuitäten im Betrieb schützten uns Versicherungen und unser gutes Verhältnis zum Betriebsrat. Aber dann trockneten die Finanzmärkte aus, veränderten sich die Warenströme, brachen neue Kriege aus – *doom and gloom everywhere.*

Gleichzeitig entstanden neue Firmen, die trotzdem oder deswegen prosperierten. »Lass uns die Krise als Chance erkennen« ist eine Bitte, die im Vaterunser stehen könnte.

Wenn schon die Zukunft nicht vorhersehbar ist (Zukunft kennt keine Prämissen), so bleibt sie doch planbar. Die Führung muss mit Unsicherheit verantwortlich umgehen, ohne sie beseitigen zu können. Es muss entschieden werden, und zwar auf zwei Zeitachsen: der Extrapolation des Status quo unter vernünftigen Annahmen für 3–12 Monate; und der Hinnahme der Möglichkeit eines gewaltigen Umsturzes irgendwann in den nächsten 10 Jahren. Dazwischen liegt der unzuverlässige Genosse Trend.

So wie Alte meinen, mit ihnen höre alles auf, denken die Jungen, mit ihnen fange alles an. Also nimmt jede neue Generation von Führungskräften für sich in Anspruch, dass die Risiken wachsen, Oszillationen von Marktparametern zunehmen, Technologiesprünge dynamischer, Produktlebenszyklen kürzer und Trends unsicherer werden. Selbst wenn es so wäre: Es kommt auf die Konsequenzen für unser Führungs- und Planungsverständnis an. Und die scheinen mir zeitlos zu sein. Postheroisches Management? Vergessen Sie's.

Die Auseinandersetzung mit der Zukunft war immer die zentrale Führungsaufgabe. Natürlich geht es hier nicht primär um Vorhersagen der Marktentwicklung und der Partizipation der Firma hieran. Planung ist zuerst und zuvörderst eine Willenserklärung der Führung und dient der Orientierung der Mannschaft. Unvorhersehbares in der (strategischen) Planung zu berücksichtigen, ist nur auf den ersten Blick ein Widerspruch. Nicht Risikoanalysen sind gemeint, die den Wirtschaftsprüfern heute ein schönes Zubrot erwerben, oder Szenario-Analysen mit unterschiedlichen Wachstumsraten. Es geht hier um das Undenkbare schlechthin.

Das Unternehmen, das seine operative und strategische Planung nicht vom Markt, sondern von der eigenen Stärke her entwickelt, von seinen Werten, seiner unverwechselbaren Unternehmenskultur ausgeht, wird unerwarteten Ereignissen, Zufällen, Katastrophen, jedweden singulären Ereignissen nicht ungerüstet gegenüber stehen.

Es gibt sich nämlich nicht falschen Gewissheiten hin, etwa über Produkte und Märkte von übermorgen, weiß aber, was es als Betriebsgemeinschaft zu leisten imstande ist. Alle Antennen sind immer auf Empfang, um Entwicklungen zu erkennen und ihre Relevanz für das eigene Geschäft einzuschätzen. Hierfür bildet die Führung am besten Adhoc-Teams aus Erfahrenen und jungen Frauen und Männern, die noch *out of the box* denken können. Inzwischen läuft das normale Geschäft aber weiter – für den Fall der ausbleibenden Katastrophe.

So wenig wir künftige Ereignisse wissen können, übersehen wir alle Folgen unserer Entscheidungen. Das aber ist Führungskunst: der Unsicherheit durch mutige Entscheidungen mit klarem Kompass den Schrecken zu nehmen und Risiko in Chance zu verwandeln. Vielleicht müssen unsere Unternehmensstrukturen modular statt hierarchisch gestaltet werden; vielleicht brauchen wir neue, fluide Arbeitsformen. Aber wir wollen nicht der Kiesel im Flussbett sein, der glattgeschliffen wird, kein Papierschiffchen oder Korken, die auf dem Wasser tanzen. Wir sind das Wehr, das den Fluss staut und verbreitert. Panta rhei, das Sein als Werden des Ganzen: nichts anderes wollte uns Kant wohl sagen.

»Nichts bezeichnet den Menschen mehr als das, wofür er niemals Zeit findet.«

(ISOLDE KURZ)

Häusliche Stereotypen wie: »Nie interessierst du dich für meinen Beruf«, »nie hast du Zeit für mich« oder »immer sind andere wichtiger« sind etwas für den Kampfmittelräumdienst einer Partnerschaftsberatung. Sie bezeichnen nicht den Menschen, sondern einen Konflikt, dessen Ursachen tiefer liegen.

Isolde Kurz (1853–1944), eine strenge Beobachterin männlicher Geschlechterrollen, dachte wohl eher an einen Habitus, an ein gewohnheitsmäßiges, vielleicht rollenbedingtes Verhalten. Jeder von uns, Mann oder Frau, erkennt bei sich selbst solche Charakteristika, die situationsunabhängig zum Durchbruch kommen und von denen die anderen sagen: »Typisch!«

Wofür wir niemals Zeit haben, zeigt m. E. weniger, wovor wir Angst haben, als vielmehr, was uns nicht interessiert. Unsere Interessen, Ziele unseres Handelns, werden bestimmt durch unsere Antriebe. Diese entstanden als Rückkopplung eines früh als erfolgreich erfahrenen Verhaltens, das wir seither repetieren. Was uns nicht interessiert, löst dagegen nichts aus in uns: keine Motivation, kein Handeln, keine Emotion. Unser Unterlassen bezeichnet uns ebenso wie unser Tun.

Der Führungsalltag bietet viele Beispiele: Einige von uns nehmen sich kaum Zeit für ihre Mitarbeiter. ›Die Macht muss handeln und nicht reden, nicht wahr? Ich habe gute Leute, die wissen selbst, was zu tun ist. Und wenn nicht, sollen sie fragen. Wir haben keine Zeit, uns mit uns selbst zu beschäftigen, das ist ein hartes Geschäft da draußen!‹ Was sagt das aus über uns?

Gewiss haben wir weder Angst vor unseren Mitarbeitern noch Geringschätzung für sie. Aber wir glauben, kein Feedback von ihnen zu brauchen. ›Die verstehen nicht mehr vom Geschäft als ich.‹ Wir sind zu selbstsicher, wir meinen, die Rückmeldung unserer Leute nicht zu benötigen. Damit fehlt uns die Sensibilität für Zwischentöne, sachte Strömungen und Entwicklungen. Konflikte nehmen wir nur auf unserer Managementebene oder darüber wahr, Anerkennung suchen wir nur dort oder im Markt. Unsere Leute wissen aber nichts von unserer Haltung zum Markt, von unseren Prinzipien und Werten. Da sie uns nicht einschätzen können, werden sie vorsichtig, stufen uns vielleicht als opportunistische Karrieristen ein und schenken uns wenig Vertrauen.

Ein anderes Beispiel: Wir nehmen uns niemals Zeit für uns selbst. Wir sind erfolgreich im Beruf, wir kümmern uns um Familie und Freunde, aber nicht um unsere Selbstentwicklung. Was ist aus unseren Hobbies geworden, wo sind unsere neuen Lernfelder? Wer sind wir ohne Dienststellung, und wo wollen wir besser werden? Weltmeister im Hamsterradrennen?

Ein letztes Beispiel: Konfliktmanagement. Meinungsverschiedenheiten mit Kollegen? Wir vertagen die Sitzung. Streit im »Vorzimmer«? Keine Zeit für Kinderkram. Uneinigkeit mit einem unserer Abteilungsleiter über die Zielvereinbarung? Soll er doch reinschreiben, was er will. Klausursitzung über die neue Struktur unseres Bereichs? Ich muss zu meinem Kunden nach London.

Jeder im Unternehmen sieht: Wir schützen vor, keine Zeit für Auseinandersetzungen zu haben, also gelten wir als schwach. Wer im Unternehmen wird einem Schwachen folgen, sich gar mit ihm verbünden? Wenn wir berechtigte Erwartungen des Umfelds nicht erfüllen, werden unser Ansehen und unsere Selbstwirksamkeit gemindert – wir erhalten weniger Unterstützung.

Also heißt es, zuweilen aus der Komfortzone herauszutreten und unbequeme Dinge zu erledigen. Besser spät als nie. Prokrastination, das planmäßige Hinausschieben unbequemer Arbeiten oder Entscheidungen, ist dann das kleinere Übel, verglichen mit dem Ausblenden von Notwendigkeiten, denen wir uns stellen müssten.

Die Dichterin Isolde Kurz ist in ihrem langen Leben keinem Hindernis ausgewichen, bis sie sich achtzigjährig von den Nazis einlullen ließ. Sie entstammte dem freigeistigen Bildungsbürgertum. Im damals muffigen Tübingen ritt sie im Galopp durch die Stadt, trat auch sonst für Frauenrechte ein, erhielt als erste Frau dort die Ehrendoktorwürde und kämpfte lebenslang gegen den Geschlechterhochmut der Männer.

»Stelle dich nicht auf die falsche Seite einer Diskussion, nur weil dein Gegner auf der richtigen Seite steht.«

(Baltasar Gracián y Morales)

Das Zitat ist dem Handorakel des Gracián von 1653 entnommen, einem spanischen Jesuiten und Moraltheologen. Wie viele Moderne in absolutistischen Systemen wurde auch er mit Schreibverbot und Hausarrest belegt. Seine *Kunst der Weltklugheit* (so der Untertitel) ist auch nach 350 Jahren noch aktuell und geistig herausfordernd.

Haben wir Gegner im Unternehmen? Natürlich! Im Zweifel sind wir es selbst. Und unser ›Richtig‹ oder ›Falsch‹ in einer Diskussion ist nicht immer ein Ergebnis intellektueller Redlichkeit, vorurteilsfreien Abwägens von Pro und Contra oder gar des Bauchgefühls. Manchmal, wenn Zustimmung trivial scheint, weil alle dafür sind; wenn uns die Sache nicht wichtig ist, widersprechen wir. Wir wollen wenigstens originell sein, wenn wir schon nicht die Idee hatten, die gerade diskutiert wird. Ein Einfall muss dann reichen, um wahrgenommen zu werden. Den Gang der Geschichte, unsere Abstimmungsniederlage, werden wir damit nicht aufhalten, die Idee des »Gegners« war ja auch nicht schlecht, aber wir haben uns wenigstens unterhaltsam und ohne Larmoyanz geäußert. Fast alles ist besser als gar keine Meinung zu haben, also beziehen wir manchmal Positionen um jeden Preis.

Etwas anderes ist es, wenn wir uns in der Diskussion mit einem betrieblichen Gegner in einen fundamentalen Widerspruch verstricken, der nicht unserer inneren Überzeugung entspricht. Das kann in einem Disput mit einem Managementkollegen oder Mitarbeiter sein, mit dem ungeliebten Chef; oder unser Geschwätz von gestern holt uns ein, vielleicht auch die Begegnung mit jemandem, der uns kürzlich in die Quere kam. Wir wissen dann, dass wir uns gegen das subjektiv Richtige aussprechen, und tun es doch. Ein unangenehmes Gefühl beschleicht uns dabei, etwas wie Ärger, Missgunst und Scham.

In unserer Umwelt löst dieses Verhalten eine kognitive Dissonanz aus: Er/sie hat doch früher anders gesprochen! Unsere Integrität ist ein hohes Gut, schwer zu beschreiben, ›*but I know when I see it*‹, gesundes Menschenempfinden eben. Menschen entwickeln ein feines Gespür für die Integrität des Gegenübers. Seine persönlichen Überzeugungen und Werte drücken sich in seinem Verhalten aus, und dadurch wird er für uns berechenbar und vertrauenswürdig – oder eben nicht.

Wie verhalten wir uns in einem betrieblichen Widerstreit authentisch und klug und dienen unseren Interessen? Zunächst bilden wir uns gelassen ein Urteil über die zugrundeliegende Sache, *sine studio et ira*. Eine Meinung bildet sich schnell, aber wir sollten danach streben, durch Fakten zu einem eigenen Urteil zu gelangen.

Emotionen sind uns hier nicht im Weg, aber sie müssen bewertet werden, dann gehen sie in unser Gefühl über und geben uns nützliche Hinweise, unseren Verstand zu kontrollieren. Die Metapher, dass unser Verstand uns häufiger trügt als unser

Gefühl, ist aber nicht ungefährlich im Business: das Gefühl kennt keinen Kompromiss.

Also tun wir das intellektuell Redliche und subjektiv Richtige: Wir stimmen dem gegnerischen, von uns als richtig erkannten Vorschlag zu. Das liegt vermutlich im Interesse des Unternehmens, aber auch in unserem eigenen: wir bleiben uns selbst treu, sind also authentisch und integer – ohne Angst vor Imageverlusten, Siegerposen des Gegenübers oder Selbstzweifeln.

Unsere offensive Zustimmung werden wir verstärken durch konstruktive Verbesserungsvorschläge und unser Angebot der Mitarbeit, ohne Unterwürfigkeit. Nichts hält uns davon ab, beim nächsten Mal mit besseren Argumenten für unsere Sache, für unsere subjektive Wahrheit einzutreten. Und dann steht vielleicht jemand auf der anderen Seite der Diskussion und wird sich unserer noblen Haltung beim letzten Mal erinnern.

»Gelassenheit ist eine anmutige Form des Selbstbewusstseins.« (Marie von Ebner-Eschenbach).

»Ein Mensch mit Überzeugungen ist stärker als 99 Menschen mit Interessen.«

(John Stuart Mill)

Der englische Philosoph und Ökonom John Stuart Mill (1806–1873) hatte als Utilitarist nichts gegen interessengeleitetes Handeln: für ihn war eine Handlung sittlich und gut, wenn sie nützlich war. Aber er wusste um den Wert der Beständigkeit: besser den Kompass als eine Wetterfahne zur Orientierung. Der Kompass sind unsere Überzeugungen, die Wetterfahne unsere Interessen.

Unsere Interessen erfordern ständige situative Anpassungen unserer Einstellungen und Handlungspläne an sich wandelnde Umstände, Einschätzungen und Erwartungen. Unsere Überzeugungen dagegen werden geleitet durch Gründe, Meinungen und Glaubenssätze und weisen dadurch nur eine geringe Wandelbarkeit auf. Sie entstehen durch Reflektion: Was tue ich und warum, und ist das gut für mich? Ergibt es für mich einen Sinn?

Dass wir als Führungskräfte (auch eigene) Interessen verfolgen, ist legitim, so lange wir diese nicht über die Interessen des Unternehmens stellen, die durch die Gesamtheit seiner *stakeholders* repräsentiert werden. Wenn wir aber einmal Überzeugungen gewonnen haben, gehen unsere Interessen darin auf. Nur Überzeugung vermag einen Quantensprung in der Wirksamkeit unserer Führung zu bewirken, weil sie sich durch konsistentes Verhalten und Handeln mitteilt und Vertrauen erwirbt. Wie können wir auch bei unseren Mitarbeitern Interessen in Überzeugung verwandeln?

Unser Vertrauen in die Richtigkeit der eigenen Ideen, Anschauungen und Werte für ein hohes Ziel, unsere Überzeugung also, kann andere mitreißen, überzeugen, irritieren, Widerstand hervorrufen oder auch Gleichgültigkeit. Überzeugungen sind die Signatur unseres Handelns, sie sind unser Sein. Auf diese Weise sind wir erkennbar und zuverlässig einzuschätzen. Ohne von den Werten, Aussichten und Chancen eines Unternehmens überzeugt zu sein, werden wir uns ihm als Führungskraft nicht anschließen. Tun wir es trotzdem, etwa aus finanziellen Interessen, sind wir zu taktischem Handeln und häufigem Kurswechsel gezwungen, um unsere Interessen zu wahren. Diese Haltung steht nachhaltigem unternehmerischem Erfolg entgegen.

Lassen wir uns dagegen – nach sorgfältiger Selbstprüfung (»Ergibt das für mich einen Sinn?«) – prägen von der Marke »unseres« Unternehmens, von allem, was es ausmacht, werden wir zum Überzeugungstäter: Wir haben gute Gründe gefunden, an die Firma, an ihre Zukunft, die Qualität ihrer Leistungen zu glauben. *Leadership Branding*, die Prägung der Führung durch die Marke, verleiht der Firma ein einzigartiges Momentum – eine andauernde Vorwärtsbewegung, die durch die Interaktion von Führung und Marke immer wieder angestoßen wird.

Die Beispiele hierfür sind so vielfältig wie langlebig, z. B. in der deutschen Automobilindustrie, deren Vorstände und Manager ihren Glauben an die Einzigartigkeit und Exzellenz ihrer Marken ausstrahlen. Auch Führungsgremien einzelner Banken, Versicherungen, Lebensmittel- oder Gebrauchsgüterhersteller erarbeiten sich gute Haltungsnoten und stehen für Tugenden. Tugend kommt von taugen und bezeichnet eine vorbildliche Haltung, eine Überzeugung, das sittlich Gute zu verwirklichen.

Das lädt ein zur Identifizierung, und eine so geformte Mannschaft von »Überzeugungstätern« ist jedem 1B-Promi als Markenbotschafter weit überlegen, der ja nur seine finanziellen Interessen verfolgt und dessen sinkender Stern die Marke beschädigen kann.

Gefährlich kann es werden, wenn der Boss zur Marke wird (»Dafür stehe ich mit meinem Namen«). Dann kann eine u. U. einmal irrige Überzeugung an der Unternehmensspitze bei unterentwickelter Debattenkultur die Firma ruinieren. Deshalb: die Marke muss der Boss sein! Schließlich wird sie von unseren Kunden bezahlt, von ihnen mit uns gemeinsam weiterentwickelt, und sie gibt dem Unternehmen Lebenssinn.

Überzeugungen können falsch sein, wenn ihre Glaubenssätze keinen positiven Widerhall im Markt finden. Einzelinteressen können sich gegen die Betriebsgemeinschaft richten. Nietzsche hielt Überzeugungen gar für gefährlichere Feinde der Wahrheit als Lügen. Und natürlich »kann nichts mehr zu einer Seelenruhe beitragen, als wenn man gar keine Meinung hat« (G. Chr. Lichtenberg). Aber Führung verlangt Stellungnahme. Am Ende muss das gemeinsame, dauerhafte *commitment* stehen: Unsere gemeinsame Überzeugung verpflichtet uns, für das Wohl dieser Firma und ihrer *stakeholders* zu arbeiten. »Wer nach seiner Überzeugung handelt, kann nie ganz zugrunde gehen.« (Annette von Droste-Hülshoff). Dann haben wir Adepten, dann haben wir Erfolg.

Und wenn sich der Erfolg einmal nicht einstellen will? Dann gilt: *»Sometimes you win, sometimes you learn«* (John Maxwell). Dann beginnen wir von vorn, so lange man uns lässt. Oder suchen uns ein neues Handlungsfeld, wo man unsere Überzeugungen teilt.

»Wenn man als Werkzeug nur einen Hammer hat, sieht jedes Problem wie ein Nagel aus.«

(Abraham Maslow)

Manches Management liebt schnelle und einfache Entscheidungen. Auf Nachfragerückgang wird sofort mit Kapazitätsabbau reagiert, und das bedeutet vor allem Personalentlassungen. Da auch manche Betriebsräte und die Öffentlichkeit einfache Sachverhalte schätzen, wird der Schrumpfungsprozess in *headcount* umgedeutet: Wie viele Mitarbeiter müssen gehen? Da ist es dann schon fast egal, ob es sich um Teilzeitbeschäftigte, Vorstände, Sekretärinnen, Leitende Angestellte oder andere Vollzeitmitarbeiter handelt. Hauptsache, zählbare Köpfe rollen.

Der Personalbestand scheint also ein Problem, vielleicht *das* Problem zu sein. Der Nagel, auf den wir einschlagen, heißt Personalstärke, weil wir meinen, diese betriebswirtschaftliche Steuerungsgröße als einzige autonom oder jedenfalls am schnellsten beeinflussen zu können. Es geht nicht einmal primär um Kosten, schon gar nicht um Erlöse. Es geht um eine plakative Maßnahme, mit der das Management Entscheidungsstärke und Handlungsfähigkeit zeigen will. Die Folge ist meist eine zyklische Schwächung des Unternehmens, das im Abschwung mit Abfindungen und im Aufschwung mit der Integration neuer Mitarbeiter belastet wird.

Dabei haben wir neben dem Hammer einen ganzen Kasten voller Werkzeuge zur Verfügung: Innovation, Vorausschau, langfristiges Denken und Handeln, Liquiditätsvorsorge, Marketing als Chefsache, Investitionen in die Zukunft – also in Potenziale (statt in die Vergangenheit, also etwa in Abbaukosten), Menschen- und Produktorientierung statt Systemfixierung, Strategie statt Aktionismus, dezentralisieren statt zentralisieren, um nur einige Werkzeuge zu nennen.

Dass sie im Problemfall seltener als der Hammer zur Hand genommen werden, liegt zum einen an der kurzfristigen Denkweise, die Finanzmärkte, Berichtssysteme und Zielvorgaben uns aufzwingen. Der Hauptgrund aber ist, dass eine differenzierte Problemanalyse tiefer liegende Schwächen und Bedrohungen des Unternehmens und damit u. U. frühere Managementfehler aufdeckt, deren Behebung für die Zukunft des Unternehmens wichtiger wäre als eine kurzfristige Personalkostensenkung. Ob Strategiemängel, verschlafene Produktlebenszyklen oder ignorierte Absatzmärkte: Der Einsatz des ganzen Werkzeugkastens macht in der Krise frühere Managementversäumnisse offenbar, deren Folgen weit über die kurzfristiger Kapazitätsüberhänge hinausgehen.

Erst das Wissen um unsere vielfältigen Handlungsmöglichkeiten eröffnet Gestaltungsspielräume, in denen eindimensionales *cost cutting* nur ein kleines unter mehreren großen Aktionsfeldern ist. Aus einer Krise erwachsen dann Chancen: neue Produkte, bessere Verfahren, differenzierte Märkte, *insourcing*, neue Leute im Management mit Phantasie für die Möglichkeiten der Firma.

Für den US-amerikanischen Psychologen Abraham Maslow (1908–1970) war die eingangs zitierte Erkenntnis eher ein Nebenprodukt seiner Forschung zu den Beweggründen menschlichen Handelns. In seiner 1943 veröffentlichten *»Theory of Human Motivation«* stellte er ein fünfstufiges Modell menschlicher Bedürfnisbefriedigung vor, von den Grundbedürfnissen bis zur Selbstverwirklichung, das er 1965 um die 6. Stufe der Transzendenz ergänzte, in der der Mensch danach strebt, über sich selbst hinaus zu gehen und sich mit etwas Höherem zu verbinden.

Identität und Erfahrungswissen waren die Säulen seines vom Humanismus geprägten Menschenbildes. Er machte als erster auf die subjektive Dimension der Motivation des Menschen aufmerksam. Seine Erkenntnisse über individuelle Zielvorstellungen und zielorientierte Verhaltenssteuerung von Mitarbeitern haben breiten Eingang in das Managementwissen gefunden, auch wenn wir heute differenziertere und wirklichkeitsnähere Modelle von Motivation und Persönlichkeit haben. Sein Verdikt gegen einfache Lösungen im Management aber bleibt aktuell.

»Observe the masses, and do the opposite.«

(James Caan)

Dem *Mainstream* zu folgen scheint zunächst einmal gut zu sein: Die Evolution hat den Menschen zu einem Gruppenwesen entwickelt, und die Gruppe, auch als Masse, gibt Sicherheit – so viele Menschen können nicht irren, oder? Dem Manager bietet der *Mainstream* eine bequeme Entscheidungsgrundlage und eine Rechtfertigung, falls sich seine Maßnahmen einmal als nicht erfolgreich erweisen sollten. Die meisten Firmen und Kunden bewegen sich in *eine* Richtung, in der sie Erfolg und Wunscherfüllung vermuten. Der *Mainstream* schafft Größe und Masse. Was soll daran falsch sein?

Im größten Segment des Marktes gibt es Verdrängungswettbewerb, Preisdruck, Differenzierungsprobleme, Innovationshemmnisse, knappen Kundennutzen, wenig Exzellenz. Ein Markteintritt dort ist nur über Effizienzvorteile möglich, die aber immer ein Verfallsdatum tragen. Da scheint die Soziologin Diane Grant offene Türen einzurennen, wenn sie schreibt: »Es ist besser allein zu gehen als in einer Menge, die in die falsche Richtung läuft.« Aber was ist hier falsch und was ist richtig?

Der Konstruktivismus lehrt, dass sich jeder von uns durch die individuelle Bewertung seiner Wahrnehmungen eine eigene Welt erschafft: Was nicht zu mir passt, ist falsch. »Sei du selbst! Alle anderen sind schon vergeben«, schrieb Oscar Wilde. Das gilt für Menschen wie für Unternehmen: Unterscheide dich, sei anders, strenge dich mehr an, sei besonders. Oder mit den Worten von Helmut Maucher, dem Ex-CEO von Nestlé: *»Be first, be daring, be different«* – sei der/die Erste, sei wagemutig, sei anders! Und so führte er vor Jahrzehnten den löslichen Kaffee im Teetrinkerland Japan ein, mit überwältigendem Erfolg, wie wir heute wissen.

Die Masse bestimmt den Durchschnitt, und wer sich hieran orientiert, kann bestenfalls im oberen Drittel landen. Das Individuum, als »Einzelding« und moralisches Subjekt, kann zwar seinen unverwechselbaren Handlungsrahmen setzen. Die Masse aber hebt Individualität auf. So lange der Einzelne Teil der Masse ist, hat er keine Hindernisse zu überwinden und keine Identität. Identitätsfindung ist nur gegen Widerstand möglich, den die Masse nicht zulässt. Negation ist die Voraussetzung dafür, dass das Individuum seinen Willen als eigenen, nicht als aufgezwungenen fremden Willen erlebt und sich entfalten kann.

Der Blick auf den Wettbewerb (»Was machen die anderen?«) trübt zuweilen den Blick für die eigentlichen Erfolgsfaktoren: Was will der Kunde, und was tut er? Was können wir besser als andere? Woran glauben wir, und was macht uns so besonders?

Überlassen Sie die Konkurrenten den gleichen Marktforschern mit den immer gleichen Ansätzen aus der gleichen Denkschule – seien Sie anders. Forcieren Sie internes Wachstum und zeigen Sie damit Innovation und Dynamik, wenn die anderen zukaufen (und damit überwiegend scheitern). Suchen Sie eine andere Form der Kommunikation, wenn der Wettbewerb nur noch *Digital Natives, Nerds* oder soziophobe Avatare anspricht. Planen Sie langfristig, wenn andere mit kurzfristigen

Aktionen auf dem Markt sind. *Pampern* Sie Ihr Personal, wenn andere mal wieder zyklisches *Hire & Fire* betreiben. Trauen Sie Ihren Mitarbeitern die Rolle des Unternehmers vor Ort zu, wenn die meisten Wettbewerber mit einem Wust von Vorschriften, Führungsgrundsätzen und Mission Statements hantieren. Dezentralisieren Sie Ihre Organisation, wenn die meisten anderen Firmen zentralisieren. Fokussieren Sie Ihr Geschäft, wenn andere diversifizieren.

Natürlich geht es nicht darum, immer Extrempositionen einzunehmen, aber wir sollten andere Akzente setzen. Zwischen den Extremen liegt die Wahrheit nicht in der Mitte, sondern – frei nach Goethe – das Leben ist dort, »in Ruhe gedacht«. Ihre Reflektion dessen, was Ihr Unternehmen und Sie im Kern ausmacht, bringt den Erfolg.

James Caan ist ein schillernder britisch-pakistanischer Unternehmer. Mit nur 16 Jahren beschloss er, das Ledergeschäft seines Vaters nicht zu übernehmen und die Schule abzubrechen. Er tauschte seinen pakistanischen Namen gegen den eines bekannten britischen Schauspielers ein, wurde ein *Selfmademan, Headhunter, Blogger* einfacher Business-Wahrheiten, Fernsehgröße, Investor und Förderer Tausender kleiner *Start-ups*.

Hierfür verlieh ihm die britische Krone einen Orden – James Caan hat es weit gebracht in seiner Welt.

»Alberne Leute sagen Dummheiten,
gescheite Leute machen sie.«

(Marie von Ebner-Eschenbach)

Dumm sind nur die anderen, nicht wahr? Der Aphorismus will uns dagegen sagen: dumm können wir alle zuweilen sein, nur auf verschiedene Weise. Wenn wir uns näher mit dem Begriff befassen, fühlen wir uns ertappt. Die wenigsten von uns würden in Persönlichkeitstests auf die Frage »Haben Sie schon einmal etwas Dummes getan?« ankreuzen: »Noch nie!« Der Begriff der Dummheit scheint also weniger für Schwachsinn oder Faulheit des Geistes zu stehen, sondern – wie die Klugheit – eine relative Wertsetzung zu sein unter dem Oberbegriff der Intelligenz, mit fließenden Übergängen.

Unter Dummheit subsumieren wir intellektuelle Minderleistungen, Mangel an Urteilskraft, törichte Handlungen, etwas nicht wahrnehmen/wahrhaben wollen, mangelnde Ausschöpfung der kognitiven Fähigkeiten. Das muss nicht strukturell sein, etwa eine nachhaltige Beeinträchtigung des Denkens oder ein ständiges Zurückbleiben hinter den eigenen geistigen Möglichkeiten. Wir erleben Dummheit des Einzelnen meist als Affekt oder als situativen, vorübergehenden Ausfall der Geistesgegenwart – bei anderen und bei uns!

Eigentlich hatten wir uns sicher gefühlt bei dem Einstein-Zitat: »Zwei Dinge sind unendlich, das Universum und die menschliche Dummheit, aber beim Universum bin ich mir noch nicht ganz sicher.« Da schienen große Teile der Menschheit um uns herum gemeint zu sein. Die Dummheit kann aber auch von jedem von uns Besitz ergreifen, und zwar »innerhalb der normalen Seelentätigkeit«, wie Meyer's Konversationslexikon von 1906 so schön vermerkt. Gemüt oder Geist – beide stellen uns zuweilen Fallen.

Manchmal entschlüpft uns eine alberne Bemerkung, die wir schon im selben Moment als dumm erkennen, weil sie den eigenen Intellekt beleidigt; weil sie weder den anderen erfreut noch wahr ist noch uns nützt. Wir haben vielleicht einen Freund verloren, aber wenigstens nicht die Gelegenheit zu einer Pointe! Der modische Haarschnitt des Mitarbeiters? ›Beweis für die Abschaffung des Meisterzwangs bei den Friseuren.‹ Der gute Ruf der Mitarbeiterin? ›Manche Tugend ist nur Mangel an Gelegenheit.‹ Die provokante Frage an den vergesslichen Kollegen: »Wissen Sie den Vornamen von Herrn Alzheimer? Nein? So fängt es an!« (Er hieß übrigens Alois.)

So etwas geschieht spontan, aus Eitelkeit und ohne Bosheit, wir waren ja nur geistreich, ein Aperçu eben. Es kann aber böse Folgen haben. Das Gegenüber ist vielleicht verletzt, zieht sich zurück, vermindert die Zusammenarbeit. Das schafft sich selten von allein aus der Welt durch Vergessen oder Gewöhnung (»Der ist halt so«), eher durch eine Entschuldigung oder durch Selbstironie.

Schwieriger als ein dummer Spruch ist die dumme Tat zu bewältigen, die auch im Wirtschaftsleben selten spontan geschieht. Sie bereitet sich langsam vor, und nicht jeder ist in der Lage sie zu begehen, da sie immer eine gewisse Verwegenheit erfordert. Eine dumme Handlung (anders als eine törichte Äußerung) setzt ein Bemühen voraus, einen Plan, ein Minimum an Reflexion, Unbedenklichkeit, kraftvolles Agieren – aus diesem Holz können auch Helden geschnitzt sein. Und doch wird hinterher unser Tun manchmal mit einer intellektuellen Ausfallerscheinung in Verbindung gebracht.

Eine Liaison des Chefs am Arbeitsplatz kann so ein Fall sein, die Großmannssucht (eine weibliche Entsprechung dieses Begriffs haben wir nicht) eines scheiternden Fusionsplans, die unkorrekte Spesenabrechnung – wieder einmal hat die Psyche als Gegenpol der Kognition gewonnen. Aber auch der Verstand spielt uns Streiche: »Manchmal dient uns der Geist dazu, auf kühne Weise Dummheiten zu begehen,« wusste schon La Rochefoucauld. Wir begehen immer dann Dummheiten, wenn wir versuchen, etwas statt jemand zu sein. Goethe wollte als Naturforscher anerkannt werden und schrieb mit seiner grandios gescheiterten Farbenlehre gegen Isaac Newton an. Na und? Sein Zeitgenosse und Kollege Lichtenberg memorierte: »Ich bin ... wegen ... Fehlern getadelt worden, die meine Tadler nicht Kraft oder Witz genug hatten zu begehen.« Hauptsache vorn! Ob Dummheit Sünde ist (nach Thomas von Aquin) oder die einzige Sünde (nach Oscar Wilde), mag jeder für sich entscheiden.

Das Wichtignehmen der eigenen Person – nach Thomas Mann die strenge Würde der Beschränktheit –, und tierischer Ernst entlarven sich als Dummheit. Dagegen helfen Selbstironie und taktvoller Humor.

»Wenn wir die Menschen behandeln, wie sie sind, machen wir sie schlechter; wenn wir sie aber behandeln, wie sie sein könnten, machen wir sie etwas besser.«

(Johann Wolfgang von Goethe)

Dichter und Minister, diese Doppelexistenz hat Goethe lange belastet. Führungskraft war er in jedem Fall: Vorstand einer noblen Haushaltung, Maître de Plaisir bei Hofe, Kammerpräsident, Präsident des Kriegscollegiums, Aufseher für Bauwesen, Bergbau und Wegebau, Direktor der Zeichenakademie und des Theaters. Als Dichter pflegte er in Briefen und Begegnungen langjährige Kontakte mit Zeitgenossen aller Stände, vielleicht als Letzter, der noch das gesamte Wissen seiner Zeit übersah.

Die damalige Klassengesellschaft begünstigte ihn, aber auch in dieser Ordnung sah er im Menschen vor allem das Individuum. Es lohnt sich also, ihm zuzuhören, wenn er vom Menschen spricht.

»Behandeln« konnte zur Goethezeit auch einen Fußtritt für einen Bediensteten bedeuten (was von Goethe nicht überliefert ist). Heute sprechen wir beim Verkehr mit Mitmenschen hierarchiefrei von Kommunikation, Wertschätzung, Empathie, Beeinflussung, Zuwendung, von Umgang eben. Zwei Individuen begegnen sich auch im Unternehmen von gleich zu gleich, aber im Bewusstsein ihrer Rollen, sei es im Gespräch zwischen Manager und Mitarbeiter oder wenn Sie Ihren Chef managen oder Ihre Peers Sie »behandeln».

Der Umgang von Menschen wird durch Vertrauen gefördert – die größte Ehre, die wir erweisen und empfangen können. Empathie und Beurteilung, zwei kognitive Sozialtechniken, helfen uns dabei, von jedem das zu fordern, was er leisten kann. Der letzte Halbsatz des hier verkürzten Goethe–Zitats lautet im Original: »... so bringen wir sie dahin, wohin sie zu bringen sind«, d. h. zur Ausschöpfung ihrer individuellen Möglichkeiten. Da ist er, der Dreiklang im betrieblichen Miteinander: Empathie – Potentialerkennung – Vertrauen. Empathie (als Dimension der Emotionalen Intelligenz) lässt uns die eigenen wie die Grenzen des anderen erkennen, ohne Gefühlsansteckung; Verstehen geht vor Zuwendung. Ohne Empathie gibt es weder erfolgreiche Kommunikation noch Bewusstseinsänderung. »Nur Empathie wird das Überleben der Menschheit sichern. Alles andere können Computer besser«, glaubt Stephen Hawking.

Im Gespräch mit dem Gegenüber können wir ein Urteil erlangen über sein/ihr Potential, die eigene Existenz zu steigern, und Mut zum Vertrauen entwickeln. Vertrauen in eine mögliche Leistungssteigerung unseres Gegenübers wird als *self-fulfilling prophecy* eben diese zur Folge haben, wenn wir uns vor Überschätzung und Herablassung hüten. Die Bestätigung eigener Begabungen ist eine starke Triebfeder.

Gewiss: Was wir anderen zutrauen, ist meist bezeichnender für uns selbst als für den anderen. Und was wir selbst nicht können, trauen wir anderen ungern zu. Aber wir können mit einem Vertrauensbeweis über uns hinauswachsen, etwa indem wir dem/der anderen mehr zutrauen als uns selbst und von der Förderung von Ebenbildern absehen. Vielleicht fördern wir dann erstklassige Frauen statt drittklassige Männer, ein großer Beitrag für den Erfolg unseres Unternehmens – das ist schließlich unser Job!

Wenn wir Mitarbeitern, Chefs und Kollegen aus Überzeugung so begegnen, als trauten wir ihnen mehr zu, werden wir vielleicht keine Quantensprünge, aber eine bessere Performance auslösen. Nachhaltiges Wirtschaften gibt es auch in der Führungsarbeit, wenn wir uns vom Manager zum Leader entwickeln: statt nur vorzumachen, anzuleiten und zu kontrollieren, schaffen wir Bedingungen dafür, dass sich alle im Unternehmen frei nach ihren Fähigkeiten entfalten können, innerhalb der Leitplanken von *Corporate Values* und Strategie – jeder ein Unternehmer vor Ort.

John D. Rockefeller sagte: »Ich zahle für die Fähigkeit, Menschen richtig zu behandeln, mehr als für irgendeine andere auf der Welt.« Er war bekannt als guter Investor.

»Auch wenn alle einer Meinung sind, heißt das noch lange nicht, dass sie Recht haben.«

(Bertrand Russell)

Der Skeptiker Bertrand Russell (1872–1970), britischer Philosoph, Mathematiker, Logiker, Literatur-Nobelpreisträger und politischer Aktivist, veröffentlichte 1951 seine »10 Gebote eines Liberalen«, deren 1. Gebot lautete: »Fühle dich keiner Sache völlig gewiss.«

Für uns Manager könnte das zunächst einmal bedeuten, sich nicht in (falscher?) Sicherheit zu wiegen, sondern zuzuhören, kritisch zu prüfen, weitere Fakten und Einschätzungen zu sammeln und so die eigene Meinung zu einem fundierten Urteil weiterzuentwickeln. Und dann muss eben entschieden werden – nicht um Recht zu haben, sondern um das Unternehmen weiterzubringen.

Wie berücksichtigen wir hierbei die Meinungen der anderen? Zwei Abwägungen sind vorzunehmen: Zum einen das Gewicht des Meinungsgebers – »Man soll die Stimmen wägen und nicht zählen«, schrieb Friedrich Schiller in seinem unvollendeten »Demetrius«. Zum anderen das Gewicht seiner Äußerung: Meinung – Glaube – Wissen? Wir haben hier schlechterdings keine alltags- und fachsprachliche Differenzierung.

Die Meinung ist ein Fürwahrhalten ohne subjektiv oder objektiv hinreichende Begründung. Der Glaube spiegelt subjektives Wissen ohne objektiven Beweis, und nur das Wissen ist eine

Tatsachenbehauptung mit objektiv zureichender Begründung. Was meint/denkt/weiß also Ihr Gesprächspartner? Er wird oft nicht unterscheiden können, aber – Vorsicht: Sie vielleicht auch nicht. Wir können aber ohne semantische und erkenntnistheoretische Mühen (»Ist gerechtfertigte wahre Meinung Wissen?«) einfach fragen: »Wie kommen Sie zu dieser Meinung?», auch und gerade, wenn der Andere uns zustimmt.

Die Schwarmintelligenz selbst eines mediokren Führungsgremiums soll hier nicht gänzlich in Abrede gestellt werden. Ob Bauchgefühl oder Objektivität: die Gründe für allgemeine Zustimmung müssen aber weder unfehlbar noch ehrenhaft sein. Wenn alle unserer Meinung sind, sollten wir innerlich weder selbstzufrieden (»Ich wusste doch, dass ich Recht habe«) noch defensiv (»Jetzt bin ich nicht mehr allein verantwortlich«) reagieren. Es lohnt sich zu untersuchen, warum alle einer/meiner Meinung sind.

Bequemlichkeit kann im Spiel sein, Unlust an der eigenständigen Analyse, Desinteresse vielleicht gar. Einzelne könnten mit ihrer Zustimmung ein taktisches Kalkül verfolgen oder auf einen Deal, eine Art Gegengeschäft, aus sein. Manche verhalten sich funktional: »Ich hab' hier bloß ein Amt und keine Meinung«, legt Schiller einem seiner Protagonisten in den Mund. Andere haben in einem repressiven Umfeld Angst, ihre eigene, abweichende Meinung zu äußern oder lassen sich von sachfremden Erwägungen leiten. Der Idealfall, dass ein Kollege mit gleichem Kenntnisstand, hoher Expertise und aufgrund eigener Untersuchungen zu Ihrer Meinung gelangt, ist nicht der Regelfall.

Das Hinterfragen einer schmeichelhaften allgemeinen Zustimmung zu Ihrer Meinung bewahrt Sie vor möglichen Fehlern und bringt Sie in Kontakt mit den von Werten und Gefühlen geprägten Einstellungen Ihrer Kollegen. Sie hören Glaubenssätze und Überzeugungen, die über den vorliegenden Fall hinaus relevant für Ihre Zusammenarbeit bleiben. Sie könnten auch Lücken in Ihrem Wissensgebäude entdecken, echte Verbündete von Fallenstellern unterscheiden lernen und Ihre Intuition trainieren.

Das ist klüger, als auf Schillers vordemokratischen »Demetrius« zurückzufallen, in dem es weiter heißt: »Was ist die Mehrheit? Mehrheit ist der Unsinn. Verstand ist stets bei wenigen nur gewesen.«

»Ein Gespräch setzt voraus, dass der andere Recht haben könnte.«

(Hans-Georg Gadamer)

Gespräche scheinen seltener zu werden oder ändern ihre Form. Im Restaurant sitzen Paare einander gegenüber und traktieren ihre Smartphones, statt miteinander zu reden. Elektronische Medien ersetzen auch im Business großenteils den persönlichen und telefonischen Gesprächskontakt, was nicht ohne Vorteil ist: die Kommunikationspartner erhalten mehr Zeit für Rede und Gegenrede und können ihre Truppen sammeln. Die Nachteile liegen auf der Hand: die Nachrichten sind kurz, bestehen zumeist aus wenigen Sätzen und lassen keinen Platz für Differenzierung oder gar Höflichkeit, das zierliche Betrügen. Die Sender der Kurzbotschaften wähnen sich zudem in einem eigenen Gehäuse wie der schimpfende Autofahrer, und doch könnten unwirsche Äußerungen im falschen Moment öffentlich gemacht werden. Gut möglich, dass sich in den letzten 20 Jahren mehr Leute durch SMS, Emails, Twitter oder WhatsApp ruiniert haben als in den letzten 2000 Jahren durch persönliche Gespräche. Analoge Gespräche in der digitalen Welt sind kein Anachronismus, sie können ein Wettbewerbsvorteil sein.

Unsere Sitzungen im Unternehmen, die vorgeblich der Information, dem Gedankenaustausch und der Entscheidungsvorbereitung gelten, bestehen oft aus Monologen, Folienschlachten, Scheingefechten, Auftritten von Rad schlagenden Pfauen und Egotrippern und liefern dann kein der Firma dienendes Ergebnis. Wie hätte ein echtes Gespräch ausgesehen?

Ein Gespräch ist eine verbale Kommunikation von Menschen über ein oft stillschweigend vereinbartes Thema. Das kann natürlich auch schriftlich stattfinden. Es bedingt aber einen ständigen Rollenwechsel zwischen Sprecher/Schreiber einerseits und Zuhörer/Leser andererseits. Die Gesprächsteilnehmer streben in diesem Dialog ein Ergebnis an, setzen dieses aber nicht voraus. Der jeweilige Zuhörer lässt das Gehörte auf sich wirken aus einem inneren Schweigen heraus. Er respektiert die Meinung des anderen ohne emotionale Abwehr oder gar Abwertung und suspendiert seine eigene Fixierung auf sein Gedankengut, das aber nicht aufgegeben wird. Man tauscht Argumente aus, ohne einander zu bedrohen.

Jeder Gesprächsteilnehmer artikuliert seine eigene Wahrheit. So gelangen Gefühle, Urteile, Wertungen, auch Vorurteile, ins Bewusstsein und werden dort geprüft an den Lebensäußerungen des Gegenübers. Die Empathie, eine für Führungskräfte unverzichtbare Sozialtechnik, entfaltet ihre Wirkung im Gespräch am wirkungsvollsten: sich in den anderen hineinversetzen ohne Gefühlsansteckung, seine Bedürfnisse und Befindlichkeiten sofort berücksichtigen, ohne ihnen immer nachzugeben.

Wirkliche Gesprächsangebote sind im betrieblichen Alltag selten, weil sie aus Sicht zumindest eines der Teilnehmer nicht ergebnisoffen sind. »Ich rede mit ihm« oder »Ich werde die/den schon einfangen« oder besser noch: »Können Sie den nicht mal einnorden?!«, heißt: jemand soll umgestimmt werden, mit welchen Mitteln auch immer. Der Sprechkontakt gerät zur förmlichen Unterredung, zum Überredungsversuch ohne weitere Anhörung, zur Befehlssituation. Schlimmstenfalls werden Vorwürfe ausgetauscht, Klagelieder angestimmt,

Schaukämpfe aufgeführt, Marterinstrumente vorgezeigt oder Monologe der Macht vorgetragen. Da werden neue Rechnungen aufgemacht, statt alte zu schließen.

Der Dialog, das altgriechische Pendant zum Gespräch, sollte immer das erste Mittel der Wahl sein in der Kommunikation, aber bitte ohne Etikettenschwindel. Der »herrschaftsfreie Dialog«, Mogelpackung der 1968er Adepten, vernebelt den Blick dafür, dass jedes Gespräch interessengeleitet ist und wir in den Unternehmen aus guten Gründen eine Entscheidungshierarchie haben. Dagegen ist nichts zu sagen, so lange dies jeder Teilnehmer eingesteht.

Setzen Sie das Gespräch klug ein, um Ihre Botschaft zu platzieren und vom anderen etwas zu erfahren. Bedenken Sie: Wer spricht, der erfährt nichts; aber auch: Wer fragt, der führt. Lassen Sie Ihr Gegenüber zu Wort kommen ohne Manipulation, bleiben Sie lernfähig, vergewissern Sie sich Ihrer unverbrüchlichen Argumente statt Ihrer zerbrechlichen Macht. Der andere könnte jetzt Recht haben, Sie gestern oder morgen. Wenn Sie als Manager sich selbst dauerhaft dienen wollen, dann dienen Sie am besten dem Fortschritt des Ganzen, mit Hilfe der anderen.

Das Eingangszitat stammt aus einem SPIEGEL-Interview aus dem Jahr 2000 anlässlich Gadamers 100. Geburtstag. Hans-Georg Gadamer (gest. 2002) war Begründer der philosophischen Hermeneutik, einer Theorie des Verstehens und der Interpretation von Texten. Er fordert uns auf, am anderen nicht nur die eigenen Grenzen zu erkennen, sondern diese im Gespräch ein paar Schritte weit zu überwinden. So entwickeln wir uns weiter und wachsen, manchmal über uns hinaus.

»Hire for attitudes, train for skills.«

(Herbert D. Kelleher)

Persönlichkeit kann man nicht lernen, das meiste andere schon. Haltung und Einstellung sind Ausdruck von Persönlichkeit. Unsere Natur, Bedeutungssysteme, Dispositionen, Denkstile und Identität bringen wir ziemlich abgerundet in unsere Führungsarbeit ein. Unsere Kenntnisse, Fähigkeiten und Fertigkeiten sind dagegen eher *work in progress*. Wonach suchen wir beim *Recruiting*?

Volatilität prägt heute wohl stärker als Komplexität unsere Lebens- und Wirtschaftsverhältnisse. Ist eine zahlenorientierte Planung nicht mehr sinnvoll, weil Vorausschau unmöglich ist, muss die Unternehmenssteuerung nach Prinzipien erfolgen. Die Planung bleibt zwar als Willenserklärung der Führung unverzichtbar und wird auch nicht entwertet, wenn alles anders kommt. Sie kann aber nicht mehr auf ein einfaches »schneller – höher – weiter« zielen. Grundsätze müssen deshalb wie Leitplanken dem unternehmerischen Handeln die Richtung weisen.

Vorgegebenen Prinzipien gegenüber muss man aber eine Einstellung entwickeln: Passen sie zu meinen Maximen, den persönlichen Grundsätzen meines Wollens und Handelns, weil ich denselben Prinzipien huldige? Oder halte ich sie für falsch? Empfinde ich nicht Grundsätze überhaupt als Einschränkung, weil mir eine reine Zweckorientierung lieber ist? Schließlich wird uns nichts weniger abverlangt als die Befolgung des Kant'schen kategorischen Imperativs auf der

Unternehmensebene: Handle so, dass deine Maximen ein allgemeines Unternehmensgesetz sein könnten!

Wenn nicht mehr nur Wissen und Können entscheidend sind, ändern sich die Spielregeln für das *Recruiting*. *»Look more in the eyes than into the files«,* rät Helmut Maucher, Ex-CEO von Nestlé, für die Suche nach Führungsnachwuchs. Wenn wir dem folgen, halten wir primär nach der zu uns passenden Haltung beim Bewerber Ausschau, nach Ecken und Kanten, nach Erfahrungen aus anderen Branchen und Lebenswelten.

Das Problem: Wir entscheiden meist nicht allein über die Anstellung von Führungsnachwuchskräften. Bei Bewerbern, die sich nicht als glattgeschliffene Kiesel präsentieren, haben wir im *Assessment* ein Absicherungs- und Rechtfertigungsbedürfnis. Mitentscheidende Kollegen erwarten womöglich einen optimierten Lebenslauf mit Regelstudienzeit, passenden Praktika und prestigeträchtigen Hobbys. Quantitatives statt qualitatives, »gutes», Wissen wird abgeprüft.

Neue Auswahlkriterien für den Führungsnachwuchs tun Not. Wir sehen eine größere Schwankungsbreite der wirtschaftlichen Parameter mit abnehmender Berechenbarkeit zukünftiger Erfolge. Die Digitalisierung vernichtet bewährte Geschäftsmodelle; keine Branche bleibt unberührt. Veränderungen müssen schneller vorausgeahnt und berücksichtigt werden. Einsteins Diktum, nach dem »das, was gezählt werden kann, nicht (mehr) zählt, sondern das zählt, was nicht gezählt werden kann«, ist heute richtiger denn je.

Überzeugungen und ein Zukunftsbild zu erläutern wird wichtiger für die Unternehmensleitung als das Bestreben, Komplexität zu reduzieren und – möglicherweise falsche – Sicherheit zu vermitteln. Damit ändern sich wesentliche Anforderungen an die Führungskräfte, andere Kompetenzen werden erfolgsentscheidend.

Auf die eigene Persönlichkeit bezogene Kompetenzen werden *key competencies*: die Kenntnis der eigenen Motive und Werte, der Begabungen und Talente; Respekt und Wertschätzung für sich und andere; Verantwortungsbereitschaft und Resilienz. Die anderen Kompetenzen kann man – der eine mehr, der andere weniger – auch durch Lernen und reflektierte Erfahrung erwerben und bleiben auch wichtig: fachlich-methodisches Wissen, Feldkompetenz im Wirtschaftsumfeld und sozio-kommunikative Kompetenz. Die Gesinnung aber, eine positive Einstellung zu den aktuellen Herausforderungen, gemeinnützige Prinzipientreue, eine feste Haltung, sind in der Führungspersönlichkeit angelegt, oder die Führungskraft hat diese Merkmale nicht und ist am falschen Platz. Goethe machte auch hierzu eine kluge Bemerkung: »Der Mensch, der zur schwankenden Zeit schwankend gesinnt ist, der vermehrt das Übel.«

Herbert David Kelleher (Jahrgang 1931), den wir eingangs zitiert finden, war Chairman der 1971 von ihm gegründeten Southwest Airlines in Texas, der ersten Billigfluggesellschaft. Er schuf durch eigenes Vorbild eine ganz besondere Unternehmenskultur. Konkurrenzstreitigkeiten wurden schon mal durch Armdrücken zwischen den beiden CEOs beigelegt. Das Kabinenpersonal sang in den Anfangsjahren Fluginformationen gern nach Art gängiger Schlager. Die Mitarbeiter nahmen sich selbst nicht ernst, sondern nur ihre Arbeit. Nur 1 Unfalltoter seit 1971, 46.000 Mitarbeiter, mit 100 Millionen Passagiere p. a. größter US-Inlands-Carrier, nie ein Verlustjahr, und seit vielen Jahren eine der am meisten bewunderten Fluggesellschaften der Welt.

»Bewunderung ist die Tochter der Unkenntnis.«

(Benjamin Franklin)

Bewunderung ist stärker als Wertschätzung; sie enthält Elemente des Staunens und der Überhöhung. Bewunderung kann zu idealisierten Verhaltensmustern führen, mit individueller Nachahmung oder Identifikation. Wir orientieren uns dann am Modell einer Persönlichkeit, der wir uns anzuverwandeln wünschen. Damit haben wir ein Vorbild erwählt. Ihm nachzueifern kann unsere Selbstwirksamkeit erhöhen, also unsere Überzeugung, auch anspruchsvolle Aufgaben selbstständig und erfolgreich zu lösen.

Was soll daran falsch sein, was könnte Benjamin Franklin, einer der Gründerväter der USA, gegen Bewunderung gehabt haben? Wir verdanken ihm nicht nur die Erfindung des Blitzableiters und der Leihbücherei, sondern auch die Erkenntnis, dass wer ein bisschen Freiheit für mehr Sicherheit opfern will, beides verlieren wird. Auch das Manager-Mantra *»time is money«* stammt von ihm.

Ein Vorbild mag Halt und Orientierung geben, solange der Betrachter eine Ähnlichkeit der Einstellung und Ziele vermutet, den Erfolg des Vorbilds für wiederholbar hält und also überzeugt ist, dem Vorbild nacheifern zu können. Das sind Vorbedingungen, die nach Meinung von Benjamin Franklin wohl unrealistisch sind – wir wissen zu wenig über unser Vorbild und seine Zeit, und wenn es die eigenen Eltern wären!

Wenn wir Vorgesetzte oder Kollegen, eine öffentliche Person, einen Freund, Künstler oder Kunstwerke bewundern, können wir nicht wissen, unter welchen Umständen und Opfern, mit welchen Motiven und Hilfen die von uns bewunderte Leistung entstanden ist. Denken Sie an Rembrandt. An vielen Bildern haben namenlose Maler aus seiner Werkstatt mitgearbeitet. Die ägyptischen Pyramiden? Welch ein Leid für Millionen Arbeiter. Der fleißige Kollege, der Ihnen einen Karriereschritt voraus ist? Seine Ehe ist kaputt. Der Formel 1-Sieger? Nur überhöhtes Risiko und Rücksichtslosigkeit bringen ihn auf's Treppchen. Wir wollen dem Großen unsere Anerkennung, unser Staunen nicht versagen – wohl aber eine Bewunderung, die uns selbst aus dem Spiel nimmt.

Freudiges Staunen über Schönes und Großartiges ist erhebend, ahnungslose Bewunderung lähmt dagegen. Entweder lassen wir uns auf Nachahmung ein oder spüren den Stachel des eigenen Ungenügens. Im Angelsächsischen finden wir die Ambivalenz von Vorbildern klarer ausgedrückt. Das amerikanische *role model*, Ideal der dortigen Erziehung, das die Briten *exemplar* nennen, bietet die Möglichkeit einer eher funktionalen Nachahmung. Der heranwachsende Sohn übernimmt etwa einen Habitus des Vaters oder der resoluten Mutter. Töchter verhalten sich im Laufe der Jahre immer stärker wie ihre Mütter, was viele Brautwerber nicht bedenken. Parteigranden reden wie der vergötterte Vorsitzende. Der neue CEO bekennt sich zur Fortführung der Strategie des Vorgängers. Wir versuchen Erwartungen zu erfüllen, die an Größere gerichtet waren.

In solchen Fällen werden als nützlich und angemessen erachtete Haltungen übernommen, die auch das Umfeld nicht irritieren. Erhöhen wir Vorbilder aber zu *reference individuals*, zu

Mustern für unsere generelle Lebensweise, kann unser Bild der bewunderten Person in Richtung eines Idols abdriften, das wir übergebührlich verehren. Ein bewunderter Wesenszug oder auch nur eine Äußerlichkeit wird zum *pars pro toto.* Wir ignorieren die uns fremden Charakterzüge und Lebensäußerungen des Idols, die unsere Bewunderung stören könnten. Hierdurch werden wir in unserer Selbstentwicklung gehemmt: es geht im Leben dann nicht mehr um uns, sondern um das Idol. Wir wollen aber keine Klone sein; übertragen Sie das peinliche Bild eines Elvis Presley–Wettbewerbs auf Ihre Meetings, und Sie sind kuriert.

Wollen wir selbst Vorbild sein? Wir sollten uns nicht darum bewerben. Wenn andere uns als Vorbild wählen, müssen wir das hinnehmen im Wissen darum, dass wir ab jetzt unter verschärfter Beobachtung stehen. Keinesfalls dürfen wir einen Personenkult zulassen. Dieser Begriff ist immer pejorativ, und eine Wortverschlechterung von attribuierten Titeln oder Spitznamen beschädigt dauerhaft. Big T, Rambo, Berserker, Neutronen-Jack, Big Joe, Bulldozer, Mr. Goldfinger, der Alte oder Dr. Frankenstein mögen einmal beim Aufstieg dieser Personen respektvoll geraunte *Nicknames* gewesen sein; bei einem Abstieg bleiben sie zuverlässig – und dann mit verächtlichem Unterton – erhalten.

Dann doch lieber Vorbild: »Es gibt keine andere vernünftige Erziehung als Vorbild zu sein, wenn's nicht anders geht, ein abschreckendes.« (Albert Einstein)

»As soon as the mind is set on a goal, possibilities abound.«

(JOHANN WOLFGANG VON GOETHE)

Goethe las Bücher und Briefe auch in Französisch, Englisch, Latein, Italienisch und Altgriechisch. Den obigen Ausspruch, der sich hier als moderne Managementweisheit präsentiert, tat er allerdings in seiner Muttersprache: »Sobald der Geist auf ein Ziel gerichtet ist, kommt ihm vieles entgegen.« An einen Fokus, einen Brennpunkt, dachte er hierbei wohl nicht, eher an die geistige Konzentration, die uns Gegenströmungen und Randbedingungen wahrnehmen lässt; die uns die planvolle Gestaltung eines einzigen Arbeitstages so wichtig macht wie die unseres ganzen Lebens. »Was aber ist deine Pflicht?«, heißt es im Wilhelm Meister. »Die Forderung des Tages.«

Allrounder oder Spezialist, Mischkonzern oder fokussiertes Unternehmen – immer werden wir analysieren, was wir am besten können, und hieran unsere Ziele ausrichten. Unser persönliches Ziel (der Karriere, der nächsten Initiative, einer beruflichen Veränderung) werden wir sorgfältig auswählen und regelmäßig überprüfen: Ist es noch das, was ich wirklich will und am besten kann? Das gilt auch für die Ziele von Unternehmen, die hieran ihre Strategie ausrichten: Was wollen unsere *stakeholders*, und was macht uns so besonders?

Wenn wir dagegen nur auf Opportunitäten warten, haben wir keinen eigenen Plan. Keine eigenen Ideen zu haben, ist nicht einmal mehr konservativ, und wer für alles offen ist, ist nicht ganz dicht, wie man so sagt. Die Konzentration auf ein Ziel lässt uns mehr Chancen erkennen. Eine strategische Zielwahl fordert unsere Aufmerksamkeit und unsere Kräfte, erleichtert Allianzen, berücksichtigt das Umfeld und bietet Mitstreitern Orientierung und Identifikation.

Ein Ziel, subjektiv bewertet, ist ein in der Zukunft liegender, angestrebter besserer Zustand am Ende einer Ereignisfolge. Einmal festgelegt, sollten wir es energisch verfolgen – der Weg dorthin ist bestenfalls der Ressourcenprüfung gewidmet; vielleicht steht er auch für unser Zögern und Irren. Niemals aber ist der Weg das Ziel.

Verlieren wir also nicht Zweck, Maß und Ziel aus den Augen: Die Übernahme eines Wettbewerbers soll uns zur Nr. 1 machen – wozu? In welchem Markt und um welchen Preis? Geht es wieder nur um die Allmachtsphantasien des Vorstands oder haben alle etwas davon? Das Kostensenkungsprogramm ist sicher eine gute Sache – aber warum eine gute Sache so weit treiben, bis eine schlechte daraus wird? Die Reisekostenordnung verschärfen, aber die als Erfolgsfaktor viele Male wichtigeren Unternehmenswerte nicht durchsetzen? Die *Balanced Score Card* – welches der vorgegebenen Ziele ist wirklich wichtig für die Firma und für mich, oder spiele ich besser gegen das System? Langfristige Ziele – *in the long run we are all dead*, jetzt kümmere ich mich am besten erst mal um mich selbst.

Ziel ist nicht dasselbe wie Fokus. Ziel ist Strategie, Fokus ist Taktik. Es gibt zudem immer eine Zielhierarchie, an deren Spitze für Mensch und Unternehmung das Ziel steht, langfristig zu überdauern bei guter Gesundheit und Wahrung der Individualität. Alle anderen Ziele und Maßnahmen ordnen sich dem unter.

Der Geschäftsalltag zwingt uns dazu, ständig andere Themen zu bearbeiten, neue Herausforderungen anzunehmen, Routinen zu folgen, Gebräuche zu respektieren, uns der Wünsche anderer anzunehmen. Mit unserem Ziel vor Augen werden wir nicht blind für unsere Umgebung, sondern sehend: unser Geist öffnet sich für Eingebungen, für überraschende Parallelen und Verknüpfungen, neue Möglichkeiten, andere Bewertungen.

Goethe hat nach jugendlicher Verfassung seines »Faust« (›Urfaust‹ um 1772) 60 Jahre lang daran weiter gearbeitet, bis 1832 »Der Tragödie erster und zweiter Teil« veröffentlicht wurde. Am 22.07.1831 vertraute er seinem Tagebuch an: »Das Hauptgeschäft zustande gebracht.« Und am 17.03.1832, zwei Wochen vor seinem Tode, schrieb er an Wilhelm von Humboldt: »Ich habe nichts angelegentlicher zu tun als dasjenige, was an mir ist und geblieben ist, wo möglich zu steigern.«

Er hat sein Ziel nie aus den Augen verloren, und wie ein uns wichtiges Buch, das wir nicht schreiben, uns ein Leben lang verfolgt, verfolgt uns das Wissen um ein als lebenswichtig erkanntes Ziel, das wir nicht mit aller Kraft anstreben.

»Resignation ist der Egoismus der Schwachen.«

(Jörg Berger)

Die meisten Fußballtrainer unterhalten uns mit eher einfachen Feststellungen (»das Runde muss in das Eckige«). Diese hier ist dagegen eine Weisheit, an der auch wir Führungskräfte der Wirtschaft uns bilden können. *»We never give up!«*, heißt es hier, aber warum eigentlich nicht, wo doch manchmal jeder und alles gegen uns ist?

Weil Aufgeben ein unehrlicher Handel ist. Das Banner sinken lassen (lat. *Re-signare*), mit dem wir bildhaft den Mitarbeitern voranschreiten, bedeutet: wir machen uns unsichtbar an der Spitze, geben keine Orientierung mehr, fügen uns in eine gefühlte Aussichtlosigkeit. Wer resigniert, entsagt dem Ruhm des Erfolgs und stilisiert sich zu einem Opfer der Umstände. Jede Selbstaufopferung hat etwas Religiöses; sie wird verstanden als Teil eines Handels mit Entlohnung in der Ewigkeit.

Diese vorgebliche Frömmigkeit, die ach so selbstlos-bescheidene Entsagung von Ruhm und Ehre, ist schnell entlarvt als egoistisches Handeln. Das Ich will sich nämlich schonen durch Passivität, getarnt als Gütertausch: heute verzichte ich auf einen möglichen Arbeitserfolg, morgen werdet ihr schon sehen, was ihr an mir hattet! Dabei sind wir seit der Spätaufklärung konditioniert auf das Tun: Der Mensch ist zum Handeln geboren, hieß es bei David Hume.

Der Vorstand, der sein Unternehmen verlässt, weil er nicht CEO werden soll; der CEO, der sich nach ein paar Monaten wegschicken lässt, weil er mit der Inhaberfamilie nicht zurechtzukommen glaubt; der Geschäftsführer, dem es nicht mehr gelingt, die aktuellen Verluste den Vorgängern in die Schuhe zu schieben; der überforderte Bereichsleiter, der über ein Beziehungsgeflecht in eine zu hohe Position geriet und jetzt blank ziehen muss – sie alle resignieren mangels Kampfkraft.

Die Beziehung des Managers zum Unternehmen ist durchaus mit einer Ehe zu vergleichen. »Über Ehe kann nur sprechen, wer sie durchgefochten hat«, schrieb Theodor Fontane. Über Karriere kann nur sprechen, wer sie durchgefochten hat.

Gern wird die Resignation mit der Mitteilung verbunden: »Ich übernehme die Verantwortung.« Was moralisch hochstehend daherkommt, verbrämt oft nur eine unverdient hohe Abfindung, die ein konfliktscheuer Aufsichtsrat zu Lasten der Aktionäre bewilligt. Dabei genügt es nicht, sich verbal zu seiner Verantwortung zu bekennen. Man muss die Verantwortung übernehmen, indem man alle Konsequenzen seines Fehlers oder Versäumnisses trägt, gerade auch finanziell. Das ist schon anstrengender als die folgenlose Selbststilisierung zu einem vom Pech verfolgten Gutmenschen.

In harten Zeiten mag uns die Arbeit als Führungskraft erscheinen als eine sinnlose, schwere Tätigkeit ohne absehbares Ende oder Erfolg, als eine Sisyphus-Arbeit eben. Wir fühlen uns dazu verdammt, immer wieder denselben Felsbrocken den Berg hinauf zu wälzen.

Und doch: »Wir müssen uns Sisyphus als einen glücklichen Menschen vorstellen«, rät Albert Camus. Nicht weil wir Dinge einfach um ihrer selbst willen tun müssten (eine überholte Definition des Deutschtums übrigens), sondern weil es uns fit hält, während wir auf günstigere Umstände hoffen. »Alles kommt zu dem, der etwas tut, während er wartet.« (Thomas Alva Edison.)

Jörg Berger (1944–2010) aus Leipzig teilte nach 1989 zunächst das Ost/West-Schicksal seiner Generation; viele Ostdeutsche resignierten damals. Er als Fußballtrainer war hingegen der Feuerwehrmann der Bundesliga. Er hat oft verloren, aber nie aufgegeben.

Und wenn wir doch einmal aufgeben müssen, weil unsere Kräfte erschöpft sind? Dann wollen wir das stolze Gefühl spüren, alles versucht und alles gegeben zu haben. »Nichts ist erbärmlicher als die Resignation, die zu früh kommt.« (Marie von Ebner-Eschenbach).

»Vergleichen macht unglücklich.«

(Bernd A. Wilken)

Vergleichen macht neidisch. Neid macht unfrei. Unfreiheit macht unglücklich und »Unglück ist auch ein Versagen«, wie es der Schuster Voigt in Zuckmayers ›Hauptmann von Köpenick‹ ausdrückt. Wie können wir diesem *circulus vitiosus* entkommen?

Nicht Messungen oder *benchmarking* sind hier gemeint, sondern der meist leistungsfreie Seitenblick auf den Mitmenschen, der mehr (erreicht) hat, leichter vorankommt, besser aussieht, sich unsere Wünsche erfüllt, glücklicher scheint, wichtigere Beziehungen hat als wir. In der Jugend dienten unsere Selbstvergleiche der Identitätsbildung: Wer ich bin, weiß ich nur in Abgrenzung zu anderen, und dann will ich unter Gleichartigen einzigartig sein, wie Prof. Rolf Haubl in seinem Standardwerk über den Neid erläutert. Solche Vergleiche können Quelle des Selbstwerts sein und zu Höchstleistungen beflügeln. Sie können aber auch einem falschen Selbst entspringen, destruktiv und lähmend.

Neid ist nicht angeboren, sondern entsteht lebensgeschichtlich. Im Elternhaus werden Gefühlsregeln gelernt. Je klarer die elterliche Forderung nach Neidfreiheit durchgesetzt wird (»Der Onkel lebt in einer großen Villa. Bei uns zu Hause ist es aber auch sehr schön!«), desto unerträglicher ist es, uns selbst als neidisch zu erleben. So entwickeln wir die Fähigkeit, Ungleichheit psychisch zu integrieren; unsere Selbstsorge schafft einen Ausgleich zwischen Neid und Selbstwertgefühl.

Anderenfalls übernehmen wir Ziele, die nicht unsere sind; oder wir versagen uns mangels Leistungsanforderungen, wo Schonung als Erziehungsideal gilt. So entsteht eine Neidbereitschaft, eine soziale Neiddynamik, die uns das Leben vergällt, ein falsches Selbst. Die Realität des allgemeinen Mangels an begehrten Gütern, der unterschiedlichen Begabung und Leidensbereitschaft wird nicht anerkannt; alle Erwartungen sollen erfüllt werden ohne Umweg über eigene, enttäuschungsanfällige Betätigungen.

Es sind meist nicht die großen Unterschiede, die den Neid erregen. Bernard Mandeville (1670–1733) brachte das Beispiel: Kein Fußgänger beneide jemanden, der in einer sechsspännigen Kutsche fahre; der aber sehr wohl beneidet werde von dem Besitzer eines Vierspänners. Dies lässt sich nicht nur leicht auf den heutigen Fuhrpark übertragen, sondern auch auf betriebliche Hierarchien. Der kleine Vorsprung eines anderen hält uns eigenes Versagen/Missgeschick/Zögern/ Schwäche oder unsere Minderleistungen vor Augen, während große Hierarchieunterschiede immer äußeren Umständen/Ungerechtigkeiten/Systemversagen/Intrigen angelastet werden können, ohne Störung unseres Gefühlshaushaltes.

Im beruflichen Alltag erleben wir oft Vergleiche innerhalb einer sozialen Gruppe, die z. B. Statussymbole, Gehälter, Zuwendung, Privilegien und Auszeichnungen betreffen. Natürlich gibt es schreiende Ungerechtigkeit wie die systematische finanzielle Benachteiligung von Frauen, auch in Führungspositionen; die so erzeugte Frustration hat aber nichts mit Neidphänomenen zu tun und muss an anderen Fronten bekämpft werden. Beim klassischen Peer-Vergleich hingegen macht sich jemand klein. Er opfert seine Einzigartigkeit auf, für die wir ihn schätzen, und macht sich gemein mit überbezahlten Minderleistern oder Kollegen auf der Stufe der Inkompetenz. Vielleicht erhebt er sich auch zu Führungskräften, die einfach eine Klasse besser sind, oder ist zu bequem für den Arbeitgeberwechsel trotz gefühlter Ungerechtigkeit.

Wie können wir dafür sorgen, dass eine kräftezehrende, den Betriebsfrieden störende Neidentwicklung unterbleibt? Das Bewusstsein unserer Einzigartigkeit zu schärfen, steht voran. Daneben gibt es eine lebenspraktische Klugheit der Selbstberuhigung, die wir uns zunutze machen können. Sie beginnt mit der »richtigen« Wahl der Vergleichsparameter: Ist uns das, was wir vergleichen, gemessen an unseren anderen Gütern, wirklich wichtig? Liegt unsere ›Unfähigkeit zufrieden zu sein‹ (Rolf Haubl) vielleicht nur an falschen Bewertungsmaßstäben, d. h. reflektieren wir noch, was uns wirklich wichtig ist? Haben wir uns ehrlich kategorisiert in dem, was wir wissen, können und wollen? Und vor allem: Haben wir unsere eigenen Träume gehegt, und wollen wir sie leben? Was wir träumen können, können wir auch tun, lehren uns die Amerikaner. Wer aber keine eigenen Träume hat, macht sich die Wünsche und Güter anderer perspektivisch zu eigen und verstrickt sich darin.

Mitleid, Schadenfreude oder Abwertung halten uns zwar den Neid vom Leib. Wir haben aber auch positive Neidvermeidungs- oder -dämpfungs-Strategien zur Verfügung:

- Anerkennen, dass Gleichheit und Gleichverteilung aller Güter dem Wesen des Menschen widersprechen.
- Anerkennen, dass der andere »es« verdient hat. Neidfreier Ausdruck entschärft eine Situation und entspannt.
- Gesellschaftliche Sanktionen für feindselig-schädigenden

Neid beachten. Unsere Politiker müssen dies immer wieder neu lernen.

- Die selbstironische Haltung des Asketen einnehmen, nicht im Sinne traditionell-christlicher Genussfeindlichkeit, sondern nach Art des Diogenes vor Alexander dem Großen: mit Distanzierung nach innen und außen. »Geh mir aus der Sonne« als Metapher für »Ich brauche nichts von dir.«
- Was man nicht (mehr) hat oder kann, frei nach Goethe für entbehrlich erklären.

Ehrlichkeit ist auch hier Grundvoraussetzung für das Gelingen.

Bei vielen von uns hängt das Selbstwertgefühl stark ab von Beifall, der am stärksten ist, wenn wir jemanden besiegen. Das schafft aber neue Probleme. Wir fahren besser, wenn wir zuweilen von uns absehen. Dann werden wir wieder kreativ, sind offen für alle Aspekte einer Situation, um abgelenkt von uns selbst etwas Neues zu finden.

»An der Front essen die Offiziere als letzte.«

(Robert Townsend)

Dem obigen Satz stellte der kriegserfahrene US Navy-Soldat Robert Townsend (1920–1998) voran: »Echte Führung dient dem Nutzen der Gefolgsleute, nicht der Bereicherung der Führenden.« Townsend war 1960–1965 höchst erfolgreicher *CEO, Chairman und President* der Autovermietung Avis *(»We try harder«)*. In 1970 veröffentlichte er den Bestseller *»Up the Organisation«* (»Hoch lebe die Organisation«), dem wir die vorstehenden Zitate verdanken. Eine ironische Management-Enzyklopädie ihrer Zeit, die auch heutzutage noch hier und da Anlass zum Nachdenken bietet.

Wie sind heute die »Verzehrgewohnheiten« in unseren Unternehmen? Townsend galten vor 50 Jahren Vorstandsgehälter in Höhe des Fünffachen des Durchschnittsgehalts im Unternehmen als überhöht. Heute ist das Achtzigfache oder mehr auch in Deutschland nicht anstößig. Die Transparenzregeln des AktG für die Vorstands- und Aufsichtsratsbezüge haben Exzesse nicht verhindert, sondern allenfalls Frustration auf der Arbeitsebene erzeugt. Die Aufteilung der Vorstandsbezüge in ein angemessen erscheinendes Gehalt (etwa in Höhe des fünffachen Durchschnittsverdienstes im Unternehmen) und einen weit höheren, im doppelten Wortsinn schwindelerregenden Bonus, macht es nicht besser. Bei Banken ahnen wir zudem, dass einige R*ainmakers* unterhalb des Vorstands noch mehr erhalten als dieser, ohne dass dies publiziert werden muss.

Wo beginnt das *Overpaying*, das dem Unternehmen nicht nur nichts nützt, sondern schadet? Es gibt einige Anzeichen.

Zunächst bringt der umworbene Topmanager, der weit über die internen Verhältnisse des Unternehmens bezahlt wird, eigene Truppen mit, um seine eigenen exorbitanten Bezüge zu rechtfertigen. Natürlich wird auch die neue *Army* gut versorgt, aber es geht vor allem um den Bonus des Söldnergenerals; er isst zuerst. Seine Truppe bildet sein geschäftliches Gewicht, das er – auch als Erpressungspotential – in die Waagschale werfen kann.

Hohe Bezüge korrelieren mit hohen Risiken, die aber andere tragen. Sicherlich will jeder Hochbezahlte Topleistung erbringen. Der Investmentbanker spielt dann *vabanque* mit dem Kapital der Aktionäre; der Einkäufer mit Konditionsmodellen seines früheren Arbeitgebers; der Starverkäufer mit Kundenlisten und Kalkulationen aus seiner beruflichen Vergangenheit; der Ingenieur usw. Es folgen Prozesslawinen und allgemeiner Ansehensverlust. Warum? Weil das Unternehmen das Feld Marodeuren überlassen hat, die ihre Truppen überdies nicht selbst besolden, sondern durch Plünderungen schadlos halten.

Ich habe überbezahlte Manager gesehen (gemessen an dem, was bis dato im Unternehmen üblich war), die sich unter extremen Druck gesetzt haben. Die Gedankengänge mögen wie folgt gewesen sein: ›Die Firma zahlt mir extrem viel. Also bin ich wohl besonders gut und kann auch über Wasser laufen. Deshalb entscheide ich alles allein.‹ Oder: ›Ich werde hoch bezahlt. Deshalb wird wohl erwartet, dass ich mich selbst um alles kümmere.‹ Oder: ›Die Dummköpfe zahlen mir so viel.

Ich will versuchen, mich hier ein paar Jahre über Wasser zu halten.‹ In keinem Fall entsteht Loyalität zum Unternehmen, also Nachhaltigkeit, und seinen Mitarbeitern. Dass solche Manager früher oder später durch fehlerhafte Selbsteinschätzung scheitern, ist bedenklich genug. Schlimmer noch ist der beträchtliche Kollateralschaden.

Zum Altruismus wollte Robert Townsend gewiss nicht raten; schließlich hat er selbst mit fünfköpfiger Familie nach seiner Zeit bei Avis 33 Jahre lang ein angenehmes Leben ohne neue Exekutivfunktionen führen können. Sein Statement ist ein Appell an die Vernunft. Zuerst an die Mannschaft zu denken, ist für die Führungskraft nicht nur ein Akt der Fürsorge, sondern auch der Klugheit: Ich brauche für die Bewältigung meiner Aufgaben tüchtige, mir wohlgesonnene Mitarbeiter. Unser gemeinsamer Erfolg wird meinen Wert im Unternehmen bestimmen, an dem ich sie beteilige durch Förderung und Fürsprache.

Eine Art Gini-Index wäre nützlich, der den Entscheidungsträgern die Ungleichverteilung von Einkommen im Unternehmen sichtbar macht. Dann können wir Risse im sozialen Frieden und die nachhaltige Wertschöpfung von Topverdienern besser abschätzen und zueinander in Beziehung setzen.

Ein Thema vor allem für große Unternehmen. Große Firmen sind kleine Firmen, die Erfolg gehabt haben. Einen Weg zurück gibt es nicht.

»Do, or do not, there is no try.«

(Yoda, Star Wars)

Das Raumschiff sitzt fest, der weise Yoda beauftragt seinen Jedi–Schüler Luke Skywalker, es wieder flottzumachen. Als Luke sagt, er wolle es versuchen, belehrt ihn der Weise: »Mach's oder mach's nicht, der Versuch reicht nicht.« Was können wir von einer anderen Galaxie lernen?

Yoda weist uns darauf hin, dass es bei Entscheidungen immer um drei Kategorien geht: Etwas tun, nichts tun oder probieren – oft eher eine Frage der Einstellung als der Erkenntnis. Das »Tun« hat mehr Entschlossenheit und Kraft in sich als das »Ich versuch's«, das meist beim ersten Hindernis endet mit einem »Ich gebe auf.« Wenn wir wirklich Maßnahmen treffen, also etwas tun, nehmen wir immer neue Anläufe, um über-unter-um-durch das Hindernis zu kommen, mit steigenden Erfolgsaussichten. Das »Ich versuch's« ist dagegen nicht die elegantere Variante eines »Ich unternehme nichts«, sondern das Gegenteil: Wir signalisieren Schonhaltung und dass wir nicht an den Erfolg glauben.

Unsere innere Einstellung zu einer Handlungsaufforderung ist zwar charakterlich vorprägt, aber nicht determiniert. Auch wenn wir nicht motoviert sind, können wir unsere Haltung zu einem Problem situativ ändern, wenn wir einen Vorteil für uns darin sehen. Unbequeme Entscheidungen, die sich dringlich machen, erledigen sich bekanntlich nicht von selbst. Unter Zeitdruck hilft uns aber die Erinnerung an Faustregeln, die uns früher schon einmal »gerettet« haben – unsere Intuition. Eine solche Faustregel hält uns entscheidungsfähig in Situationen, in denen wir über wenige Daten verfügen. Sie ist eine innere Handlungsempfehlung, die unvermittelt in unserem Bewusstsein auftaucht. Wir kennen ihre tieferen Gründe nicht, aber ihr Impetus ist stark genug, ihr sofort zu folgen. Entscheidungen »aus dem Bauch heraus« sind nicht unfehlbar, aber solche gegen das Bauchgefühl sind fast immer falsch.

Eine gute Methode, Bauchentscheidungen zu überprüfen, kann übrigens das *One-Reason-Decision-Making* sein: Finden Sie den wichtigsten Entscheidungsgrund – und vergessen Sie den Rest!

Die Heuristik löst Probleme, bei begrenztem Wissen und wenig Zeit, durch begründete Mutmaßungen. Hierbei dürfen wir Risiko und Ungewissheit nicht gleichsetzen. Die Welt der Ungewissheit ist nicht eine Welt bekannter Risiken. Wir neigen zu dem Irrglauben, Unsicherheit durch Risikoabwägungen in »wahrscheinliche Gewissheit« verwandeln zu können. Das ist im Ergebnis schlechter, als intelligente Schlüsse aus Halbwissen zu ziehen. Weltfinanzkrisen, Naturkatastrophen und Entdeckungen haben uns gelehrt, dass Daten und Erfahrungen nicht vor dem Unbekannten und Unvorhersehbaren schützen können. »Schwarze Schwäne« (Nassim Taleb) tauchen immer wieder unvermittelt auf und stiften Verwirrung und Fortschritt.

Unsere Risikoabwägung ist nämlich in großen Teilen erlernt und nicht intuitiv. Wir fürchten, was unsere soziale Gruppe fürchtet. »Wir verlassen uns auf das soziale Lernen dessen, was zu fürchten ist« (Gerd Gigerenzer). Nach dem Studium von entsprechenden Zeitungsberichten erscheint uns ein Hai-Unfall bedrohlicher als ein Treppensturz.

Defensive Entscheidungen werden inzwischen zur Kunstform erhoben: »Wir brauchen mehr Daten!« heißt es dann. Wir engagieren Berater und setzen eher auf große Namen als auf Expertise (was nicht per se ein Widerspruch sein muss), weil unsere Rekognitions-Heuristik sagt: Bekannte Firmen/Namen stiften einen höheren Nutzen als unbekannte. Außerdem sichern wir uns so ab.

Je mehr wir uns aber auf das Datensammeln konzentrieren, desto mehr laufen wir Gefahr, der Truthahn- oder auch Fenstersturz-Illusion zu erliegen: 99 Tage oder Stockwerke ging doch alles gut! Und dann kommt plötzlich *Thanksgiving Day* oder das Erdgeschoss. So etwas widerfährt uns nur, wenn wir der falschen Annahme erliegen, alle Risiken seien bekannt und richtig bewertet.

Eine Entscheidung, nicht zu handeln, kann selbstverständlich dieselbe Qualität haben wie die, etwas zu unternehmen, zumal der Rechtfertigungszwang beim Abwarten oder Nichtstun höher ist. Wir wollen unsere Entscheidungstätigkeit auch nicht überhöhen: im Schnitt betreffen ein Fünftel unserer Entscheidungen Kostensenkungen und vier Fünftel Einnahmeerhöhungen. Im Top-Management sind nur ein Zehntel der Entschließungen lebenswichtig für das Unternehmen in dem Sinne, dass sie nur unter Verlusten revidiert werden könnten, die den Bestand der Firma gefährden.

Immer aber gilt auch eine andere Weisheit von Yoda: »Was wie Entscheidung aussah, war nur der Beginn einer Entwicklung.«

»Macht bedeutet, nicht lernen zu müssen.«

(Karl W. Deutsch)

Unter Macht verstehen wir die Fähigkeit, auf das Verhalten und Denken anderer einzuwirken, ohne sich mit deren Ansprüchen auseinandersetzen zu müssen. Es handelt sich um ein vielstufiges Phänomen, das von der Durchsetzung einseitig definierter Ziele bis zu partizipativer Führung reicht, die nur noch den Diskurs initiiert. Macht kann eine starke Motivation für eine Führungskraft sein, so wie Status, Wettkampf, Risikofreude und das Streben nach Anerkennung. Führung ohne persönliche Machtorientierung funktioniert nur in wertegesteuerten Unternehmen, wo die Beachtung der als Leitplanken konkret beschriebenen *Corporate Values* durchgesetzt wird, auch mit Sanktionen. Dort wird die Macht von Grundsätzen abgeleitet, die von allen *stakeholders* akzeptiert, zumindest beachtet werden.

»Man ist auf die Macht verfallen, weil man das Gerechte nicht finden konnte«, schrieb Blaise Pascal (1623–1662) hellsichtig. In der Tat wird Macht (wie Hierarchie oder Moral) als Ordnungsfaktor gesehen. Aber auch im Silicon Valley, dem Ausgangspunkt einer neuen, offeneren Unternehmenskultur, bedeuten scheinbar hierarchiefreie Zonen nicht ein Machtvakuum. Auch wenn der CEO Jeans und schwarzes T-Shirt trägt wie viele seiner Mitarbeiter, mit ihnen isst und Sport macht – die führungsnotwendige Distanz bleibt gewahrt. Das allseitige Bewusstsein seiner besonderen Befugnisse und Möglichkeiten wird schließlich nicht durch Formverzicht aufgehoben. Nadelstreifen, *casual Friday* oder Jeans – das alles sind Attitüden, nicht Machtfaktoren. Kleider machen immer noch Leute, auch im Betrieb, aber als Differenzierungsmittel haben sie an Bedeutung verloren.

Wir brauchen Macht im Unternehmen, weil wir ›das Gerechte nicht finden können‹ und weil eine Entscheidungshierarchie notwendig ist. Die Macht kann von Werten, Traditionen, Organen und Personen ausgehen und soll einem gemeinschaftlichen, nicht persönlichen Zweck dienen. Das bedeutet, dass sie kontrolliert werden muss. Die Redensart ›Macht korrumpiert, absolute Macht korrumpiert absolut‹ hat hier ihren Ursprung. Die Führungskräfte müssen *checks and balances* akzeptieren, *feedback junkies* sein, für Transparenz ihrer Entscheidungen (und der der höheren Hierarchien) sorgen, sich Selbstbeschränkungen auferlegen. Anderenfalls droht die Höchststrafe: Sie entwickeln sich nicht mehr weiter, weil sie nicht mehr gehalten sind dazuzulernen, und scheitern so an vermeidbaren Fehlern.

Hier eine kleine Anleitung zum Scheitern für machtbewusste Manager:
- Macht macht Meinung (nach Blaise Pascal). Streuen Sie im Betrieb, was Sie hören wollen.
- Amtsautorität erspart lange Diskussionen. Besser zur Befehlsausgabe antreten lassen als einen Gedankenaustausch pflegen.
- Sprechen Sie nur mit Ihresgleichen und Ihren *direct reports*. Wenn Leute darunter Ihnen etwas beibringen könnten, säßen die ja auf Ihrem Stuhl.
- Ziehen Sie alle Entscheidungen mit positiver Außenwirkung an sich; Sie sind schließlich der Chef.

- Wählen Sie Zufallsopfer, um Ihre Macht zu demonstrieren. Je unklarer Ihre Motive, desto größer die Furcht in Ihrer Umgebung und Ihre Macht.
- Das »größte Glück der größten Zahl« kann nicht das Motto Ihrer Mitarbeiterführung sein. Schwören Sie die Mannschaft ständig ein auf Blut, Schweiß und Tränen.
- Feedback einzuholen ist etwas für schwache und unsichere Manager. Ihre Selbstsicherheit braucht das nicht.
- Vorgesetzten ordnen Sie sich klug unter, so lange diese keine Schwäche zeigen. Mit *peers* machen Sie *deals* zum gegenseitigen Machterhalt. Ihre Untergebenen halten Sie dagegen ständig in der Furcht des Herrn.
- Strategie ist nur ein anderes Wort für Marschbefehl, der natürlich morgen neu ausgegeben werden kann, wenn sich etwas im Markt oder an Ihrer Interessenlage geändert hat.
- Seien Sie jovial, kumpelhaft, zugänglich auf Betriebsfeiern; vielleicht erfahren Sie etwas über Kollegen oder Mitarbeiter, das Sie später gegen sie verwenden können.
- Sorgen Sie dafür, dass die Schuld für das Scheitern eines Projekts einem Mitarbeiter zugewiesen wird, der Sie unzureichend unterrichtet hat.
- Vermeiden Sie zu große Klarheit in Ihren Anweisungen; die Leute können schließlich selber denken.

Das Titelzitat wird Karl W. Deutsch (1912–1992) zugeschrieben. Als Tscheche erlebte er sehr bewusst die Nationalitäten-Konflikte seiner Zeit und entwickelte hieraus (in den USA und Berlin) vergleichende Analysen politischer und integrativer Prozesse incl. *Nation building*. Seine Schriften erreichten nie ein breites Publikum und sind heute kaum noch erhältlich. Er hätte auch uns Managern viel zu sagen gehabt.

»Go where you can shine.«

(JOHN LENNON)

Talentmanagement beginnt bei uns selbst. Was können wir am besten? Natürlich das, was wir am liebsten tun, aber oft ist das verschüttet unter Anforderungen, die andere an uns richten: Eltern, Partner, Freunde, Chefs, Vorbilder. Dadurch fällt uns oft die Antwort so schwer auf die vermeintlich einfache Frage: Was will ich wirklich?

Wer immer schon einen reflektierten Umgang mit sich selbst pflegte, sich durch kluge Bewegungen in seinem sozialen Umfeld gut einzuschätzen weiß, wer seine Selbstwirksamkeit erprobt hat und weiterentwickelt, sich genau kennt, akzeptiert und immer bestätigt findet, kann diese Frage leicht beantworten. Wir anderen können es mit Hilfe eines professionellen Coachs (das ist keine Tautologie!) herausfinden.

Wo kann ich glänzen, und warum will ich das? Es geht nicht um narzisstische Konzepte, sondern um Zufriedenheit: Ich mache, was ich kann und bin und sein will. Der Beifall der Umgebung ist hilfreich, aber keine Voraussetzung. Das Konzept der Selbstwirksamkeit zeigt, dass die subjektive Überzeugung, Aufgaben selbstständig gut bewältigen zu können, neben Wissen und Fähigkeiten von der Persönlichkeit abhängt. Im Modell der *New Big Five* finden wir eine gute Beschreibung der Quellen unserer Individualität: Unsere äußere Erscheinung als Rahmen, unsere Sozialisation oder Kultur als Bedeutungssystem, unsere Disposition (»So bin ich immer drauf«), die situativen Anpassungen (»So bin ich manchmal drauf«) und unsere selbst konstruierte Lebensgeschichte: Der/die will ich sein/werden.

Sich selbst verstehen und akzeptieren, ist der wichtigste Erfolgsfaktor. Wenn Sie einmal verstanden und akzeptiert haben: »So wie ich bin, bin ich gut und richtig«, finden Sie Ihre Bühne, auf der Sie *performen* können. Weil Sie wissen, was Sie antreibt, was Ihnen im Beruf wirklich Freude macht, was Ihnen dort wichtig ist, was Sie zufrieden macht und auf welche Stärken Sie bauen können. Sie finden heraus, wo Selbstbild und Fremdbild abweichen und warum, und was das für Ihre Führungsarbeit bedeutet. Coaching kann auch hier die Sache klären und den Menschen stärken.

Es ist sinnlos, an seinen (echten oder vermeintlichen) Schwächen zu arbeiten mit dem Ziel, sie zu vermindern. Es genügt, sich deren bewusst zu sein und Positionen oder Situationen zu vermeiden, in denen sie entscheidend sein könnten. Viel effektiver ist es, seine Stärken zu stärken; diese Anstrengung ist geringer und der *yield* viel größer als bei der Arbeit an Defiziten. Wichtig bleibt, dieses *Yin und Yang* in uns, die entgegengesetzten und doch aufeinander bezogenen Kräfte, zu kennen und zu akzeptieren; daraus kann dann etwas Gutes entstehen.

Wir werden als Führungskräfte nicht leicht jemanden im Unternehmen finden, der uns »die Wahrheit« über uns sagt und den wir in dieser Rolle achten können – Führung hat auch mit Distanz zu tun. Und außerhalb: Der beste Freund/die beste Freundin arbeitet nicht in der Wirtschaft oder hat eigene Probleme. Lebenspartnern, Sportkameraden, Eltern oder

Freunden fehlt oft der Überblick oder der Abstand. Hier kann ein Coach so etwas wie der beste Freund auf Zeit sein oder ein Sparringspartner, lebens- und berufserfahren, tolerant, respektvoll, empathisch – aber ohne Gefühlsansteckung, dissoziiert, wenn es sein muss, kalt wie eine Hundeschnauze! Coaching ist Veränderungsarbeit für Leistungsträger.

Der Manager, der sich mutig auf eine berufliche Veränderung in seiner Firma oder außerhalb einlassen will und hierfür Kraft und Unterstützung sucht; der sein eigenes Potential höher einschätzt als sein Vorgesetzter dies tut; der eine persönliche Strategie für seinen Aufstieg sucht, vielleicht sogar erstmalig eine Vision für sein gesamtes Berufsleben; der wieder einmal gewinnen will, statt immer nur zu überleben von Umstrukturierung zu Umstrukturierung; der sich als einen der Besten einschätzt und es bleiben will – diese Führungskraft wird, vielleicht mit Unterstützung eines Management Coachs, ihren Platz finden w*here you can shine*.

Was können wir hierdurch für uns gewinnen? Das schönste Ergebnis könnte mit den Worten Senecas d. J. (1–65 n. C.) sein: »Du fragst, was ich hinzugelernt habe? Ich fange an, mir selbst Freund zu sein.»

Auch John Lennon (1940–1980), der ermordete Beatles-Gitarrist, war ein nachdenklicher Mensch, wie ein weiterer Ausspruch von ihm belegt: »*Life is what happens while you are busy making other plans.*« Das sollte über jeder Unternehmensplanung stehen, nicht, um sie obsolet zu machen, sondern als das zu kennzeichnen, was sie ist – vorläufig, vorübergehend, wie unser Glanz.

»Unter den nützlichen Tugenden steht die falsche Bescheidenheit obenan.«

(JOHANNES GROSS)

Wir müssen nicht auf einen früheren Bundeskanzler rekurrieren, um das obige Zitat als richtig, d. h. der Lebenswirklichkeit entsprechend einzuordnen. »Nur die Lumpen sind bescheiden, Brave freuen sich der Tat«, hinterließ uns Goethe, ebenso bedenkenswert. Was hat es auf sich mit der Bescheidenheit, die niemand wollen soll? Ist Genügsamkeit nicht immer fremdverordnet, so wie das mittelalterliche *bescheiden* auf die gerichtliche Zuweisung eines Anteils hindeutet? Der Begriff scheint aus der Zeit gefallen.

In narzisstischen Gesellschaften ist die falsche Bescheidenheit schon fast ein Synonym der Bescheidenheit: Wer fordert schon weniger für sich, als ihm zusteht bzw. als er sich zueignen könnte? Einerseits. Andererseits wissen wir, dass Bescheidenheit des Einzelnen das Funktionieren einer Gruppe fördert, was auch diesem zugutekommt. Bescheidenheit scheint also einer Nutzenbetrachtung zugänglich, und darauf springen wir Manager an.

Bescheidenheit verbirgt nicht unser Selbstwertgefühl, verkleinert aber die momentane Rolle. Beim Bäcker sind wir nicht der Gießereivorstand, obwohl Verkäuferin und etliche Kunden um unsere soziale Stellung wissen. Wir nehmen uns absichtsvoll zurück, egal, ob aus Einsicht oder als Folge unserer Sozialisation: »Sei bescheiden!« Und fahren gut dabei.

Auf der anderen Seite wissen wir: Bescheidenheit ist die Zierde von Menschen, von deren Existenz deshalb vielleicht nie jemand erfährt. Aber von uns, als Führungskraft, sollen/müssen die Menschen erfahren, damit wir unsere Arbeit tun können. Also treten wir auf mit unseren Statussymbolen, wenn es sein muss mit Bugwelle, denn das sind Rollen–Informationen, die wir unserem betrieblichen Umfeld schulden. Hierarchie ist Ordnung, und ich lärme, also führe ich. Vielleicht erfüllen wir auf diese Weise sogar die Erwartungen unserer Umgebung. Noch besser aber ist es, sie durch souveränes Auftreten angenehm zu überraschen, ohne *bossing*.

Wenn wir Bescheidenheit nicht als Selbsterniedrigung missverstehen, sondern mit Zurückhaltung, gar mit Zügelung übersetzen, fällt uns Führungskräften die Einnahme einer adäquaten Haltung bei der Begegnung mit Mitarbeitern und Führungskollegen leichter. Präsenz ohne Dominanz, Einordnung ohne Überordnung werden dann möglich. Wir geben uns in unserer Führungsrolle, die wir ja nicht ablegen können, offen zu erkennen und sind gleichzeitig nahbar. Damit erleichtern wir die Kooperation.

Nahbar ist besser als betont bescheiden, jenes Fallenstellen (»Du erkennst meinen Wert nicht? Du wirst schon sehen, was Du davon hast!«) einer ostentativen, falschen Bescheidenheit, die das Umfeld zum Widerspruch reizen und kaum verbergen soll, wie viel man von sich hält und wie wenig von den anderen. »Gar nicht von sich reden, ist eine sehr vornehme Heuchelei«, schrieb Friedrich Nietzsche. So büßen wir Authentizität ein, unser wichtigstes Kapital.

Ich plädiere für eine selbstbewusste Bescheidenheit, die den eigenen Wert kennt, dem Gegenüber ebenfalls seinen Wert zubilligt und beides nicht übersteigert. Einen Wert, der nicht vom Bewusstsein eigener Macht herrührt, sondern jedem Mitmenschen zueigen ist. Wertschätzung für sich und andere ist die echte Bescheidenheit.

Und wenn Ihnen ein Mitarbeiter oder ein Vorgesetzter übertrieben bescheiden gegenübertritt, empfehle ich den Grillparzer-Test: »Willst du die Bescheidenheit eines Bescheidenen prüfen, so forsche nicht, ob er den Beifall verschmäht, sondern ob er den Tadel erträgt.«

»Nicht die Vernunft ist die Richtschnur des Lebens, sondern die Gewohnheit.«

(David Hume)

Gewohnheit als der große Führer im Menschenleben. Dies war die Sicht des englischen Philosophen David Hume (1711–1776) in seiner »Untersuchung in Betreff des menschlichen Verstandes», die Immanuel Kant zu seiner *Kritik der reinen Vernunft* anregte. In seinen *Principles of Human Understanding* kommt Hume zu dem Schluss, dass Wissen von Gewohnheit bestimmt wird (wir lernen aus Erfahrungen, die wir verallgemeinern), und hat uns damit das Induktionsproblem hinterlassen. Gewohnheit, nicht Beobachtung, ist Hume zufolge die Quelle von Erfahrung, Wissen und Tätigkeit. Von der Vernunft dagegen erwartet er keine Handlungsmotivation, da sie Sklavin der Emotionen sei.

Heute sind wir geneigt, von der Gewohnheit geringer zu denken als von der Vernunft. Beide helfen aber, uns im Leben zurechtzufinden, und haben also ihren Wert für unsere berufliche Tätigkeit. Aber wer sitzt im *driver seat*: die Vernunft als oberstes Erkenntnisvermögen oder die Gewohnheit, aus deren stereotypen Reaktionsweisen Fähigkeiten und Fertigkeiten erwachsen können? Das können und sollten wir steuern. Und dann gibt es ja noch die Emotionen!

Viele unternehmerische Maßnahmen, an denen wir beteiligt sind oder auch nicht, lassen uns letztlich über die Entscheidungsgründe im Unklaren: Gibt es eine industrielle Logik, wessen Interessen wurden berücksichtigt, wurde alles vorhandene Wissen eingesetzt, wie sah die Risikoeinschätzung aus, welches strategische Ziel wird angestrebt? Hierbei erliegen wir oft dem induktiven Denken: Bisher ging immer alles gut, und wenn wir weitermachen wie bisher, bleibt alles gut. Erfahrung führt zur Gewohnheit. Wir investieren in vertraute Produkte, optimieren, verbessern, statt zu erneuern.

Wir brauchen auch im Geschäftsleben Gewissheiten, um handeln zu können, aber wir müssen uns der Ungewissheiten immer bewusst bleiben. Ein inneres Organ hierfür hat der Mensch nicht. Die Risikoforschung zeigt uns wunderbare Beispiele dafür, wie wir Ungewissheit falsch bewerten: Einen Haiangriff (weltweit 10 Tote p. a.) fürchten wir mehr als einen Treppensturz, den Rinderwahn (BSE; in Europa 15 Tote p. a.) fanden wir gefährlicher als die Autofahrt zum Bauernhof, wir spielen lieber in einer Jackpot-Lotterie als kleinere Glücksspiele – immer glauben wir, alle Chancen und Risiken zu kennen und kommen zu falschen Einschätzungen. Schockrisiken und Traumgewinne beeinflussen uns, weil wir sie für Erfahrung halten. Die Vernunft, die Reflektion des Wissens, würde uns zu anderen Schlussfolgerungen führen.

Die Gleichsetzung von Gewohnheit und Erfahrung sowie von Risiko und Ungewissheit führt auch im Management zu Fehlentscheidungen. Wir extrapolieren die Vergangenheit und denken, dass die erkannten Risiken alle Ungewissheiten abbilden. Hier darf ich ein Wort von Albert Einstein einrücken: »Phantasie ist wichtiger als Wissen, denn Wissen ist begrenzt.« Darauf kommt es an: Unser erfahrungsbedingtes Wissen immer wieder in Frage zu stellen durch die Suche nach dem Ungewohnten, Unerhörten, noch nicht Dagewesenen.

Die kulturelle Funktion der Gewohnheit, bis hin zur Tradition, das bequeme Kräftesparen durch eine stereotype Reaktionsweise im Fühlen, Denken und Handeln, der Wert der Routine für Evolution und Alltag sollen hier nicht in Abrede gestellt werden. Aber ein Bruch mit der Gewohnheit bedeutet eben nicht einen Bruch mit der Erfahrung, die ja das Erleben unerwarteter, für unwahrscheinlich gehaltener Ereignisse in der Vergangenheit einschließt. Die Vernunft fordert von uns, diese Möglichkeiten in unseren Handlungsplänen zu berücksichtigen. Unser Verstand, kontrolliert durch die Vernunft, hat als fluide Intelligenz die Fähigkeit zum logischen Denken und Problemlösen. Folgen wir dem aufklärerischen Impetus und haben wir den Mut, uns unseres eigenen Verstandes zu bedienen, auch wenn Gewohnheit und Routine dies zuweilen als überflüssig erscheinen lassen. Unser Verstand betrügt uns öfter als unser Gefühl, heißt es zwar. Emotionen, nicht zu gleichzusetzen mit dem »Bauchgefühl«, geben uns aber nur Rückmeldungen über unsere eigene Befindlichkeit, unsere gelebten oder verhinderten inneren Antriebe, kaum über äußere Situationen. Wir sollten sie zur seelischen Entlastung zulassen und ihre Hinweise auf unsere Lebensführung ernst nehmen. Bei Entscheidungen aber müssen wir das Primat der Vernunft anerkennen, die Verstand, Gewohnheit und Emotion kontrollieren soll.

Die berühmte italienische Schauspielerin Eleonora Duse (1858–1924) meinte: »Ein Mann ändert eher das Antlitz der Erde als seine Gewohnheiten.« Ein Blick auf die männlich dominierte Finanzindustrie, deren »schneller, höher, weiter, mehr« uns 2008 eine veritable Weltfinanzkrise bescherte, könnte uns das glauben machen, aber vielleicht hat auch nur eine Frau zu hoch von den Männern gedacht.

»Man soll die Stimmen wägen und nicht zählen.«

(FRIEDRICH SCHILLER)

»One man – one vote« lehren uns die Amerikaner, aber sie haben auch den Begriff *voting cattle* (Stimmvieh) erfunden. Damit wären wir bei Friedrich Schiller, aus dessen unvollendetem »Demetrius« wir hier weiter zitieren: »Der Staat muss untergehen ..., wo Mehrheit siegt und Unverstand entscheidet.«

Schon mancher Unternehmenslenker ist in die Politik gegangen und dort gescheitert, weil er dort Vernunft und Macht wie in seinem Unternehmen glaubte gleichsetzen zu können. Abgesehen davon, dass diese Gleichung schon in unseren Unternehmen nicht immer aufgeht, hätte er von Blaise Pascal (1623–62) aus seinen *Pensées* lernen können: Man folgt der Mehrheit nicht, weil sie mehr Vernunft hat, sondern mehr Macht.

Die innere Mechanik der Mehrheit in Literatur, öffentlicher Meinung und Wissenschaft (in der Politik spielte sie damals noch keine große Rolle) hat Johann Wolfgang von Goethe in seinen *Maximen und Reflexionen* wie folgt beschrieben: »Nichts ist widerwärtiger als die Majorität, denn sie besteht aus wenigen kräftigen Vorgängern, aus Schelmen, die sich anpassen, Schwachen die sich angleichen, und der Masse, die nachtrollt, ohne im mindesten zu wissen, was sie will.« Mehrheit ist – wie ein Monopol – ganz schrecklich, es sei denn, man hätte sie.

Das gilt in Politik und Wirtschaft (in Literatur und Wissenschaft gibt es heute wohl wegen der Vielfalt keine Mehrheiten mehr), und es ist machtpolitisch unklug, ethisch verwerflich und moralisch tödlich, die Mehrheit zu ignorieren.

Wo wir in der Wirtschaft Abstimmungsregeln haben (Wahlen im Unternehmen, Geschäftsordnungen), ist *»one man/woman – one vote«* Teil unseres humanistisch geprägten gesellschaftlichen Selbstverständnisses, bewährt und zu bewahren. Aber auch abseits formalisierter Beschlüsse lauschen wir den Stimmen in unserer Umgebung, schon weil diese Menschen uns auch eine Stimme geben, wenn wir ihnen zuhören. Hier, im individuellen Umfeld, dürfen wir gewichten. Ist es wirklich »menschenverachtend« (ein politisches Prädikat für abweichende Meinung), wenn wir dem Urteil eines jungen Mitarbeiters mehr Gewicht beimessen als der Einlassung alter Streithähne; den Vorschlag einer Teamassistentin durchsetzen gegen die Gruppenleiter; den Reorganisationsplan unseres Abteilungsleiters im Betriebsrat durchkämpfen? Der Nutzen für das Unternehmen zählt, nicht die Zahl der Unterstützer.

Im Unternehmen dürfen wir – abseits jeder Weltdeutung – nicht vernachlässigen, dass die Menschen unterschiedliche Begabungen und unterschiedliche Interessen haben. Diese zu koordinieren und in teilweise Übereinstimmung mit denen des Unternehmens zu bringen, ist Führungsaufgabe, nicht Manipulation. Die Stimmen unserer Vorgesetzten, Kollegen und Mitarbeiter in uns zum Klingen zu bringen, ist uns ein Bedürfnis – sie orientieren uns. Aber wir müssen nicht jede Stimme zum »Nennwert« nehmen, wir dürfen und wollen gewichten. Welches »Gewicht« an Interesse, Erfahrung, Kenntnissen und Loyalität bringt jemand auf die Waage, der sich zu unserer geschäftlichen Frage äußert? Und was ist das Gewicht seiner Äußerung: Meinung – Glaube – oder reflektiertes Wissen?

Wir gewichten diese Stimme nach zwei Kriterien: unsere Wertschätzung für den Gesprächspartner und seine Verantwortung uns gegenüber. In beidem sind wir allerdings fehleranfällig. Wenn wir etwas »auf seine Meinung geben« und er geschäftlich Mitverantwortung übernimmt, schätzen wir seinen Rat, seine Kritik, seine Unterstützung hoch. Wertschätzen wir den Gesprächspartner und seine Stellung in der Entscheidungshierarchie nicht sonderlich hoch oder ist er gar feindselig eingestellt, neigen wir dazu, seine Einlassung zu ignorieren. Klug ist das nicht immer: Goethe empfiehlt, auf die Verdienste der Widersacher zu achten, statt auf die Mängel der Freunde zu sinnen – das ist auch gut für den Gefühlshaushalt.

»Die Feigen waren mehr als die Streitbaren, die Dummen mehr als die Klugen«, so beschreibt der Fiesco in Schillers »Verschwörung des Fiesco zu Genua« die Mehrheit, kein Hohelied auf die Demokratie. Eine Regierung kann sich ihr Volk nicht aussuchen, wir Führungskräfte in den Unternehmen können das. Darum treten wir partnerschaftlich auf und dürfen bei aller Wertschätzung differenzieren zwischen Schwer- und Leichtgewicht.

»Wer sich nicht in Gefahr begibt, kommt darin um.«

(ERNST BLOCH)

Dem Volksmund zuweilen das Wort in demselben herumzudrehen, kann zu neuen Erkenntnissen führen – Zeiten ändern sich. Begeben wir uns also in Gefahr und rüsten uns gegen die Kontrollillusion. Wir haben nämlich weniger unter Kontrolle, als wir glauben. Dass wir in diesem Monat unser Umsatzbudget erreichen, hat nichts mit unserer Absatzplanung zu tun, sondern ist die Folge vieler Entscheidungen von Einzelkunden. Diese zu verstehen ist wichtiger als etwa die Produktionsplanung. Bauen Sie Ihr Unternehmen auf dem auf, was Sie nicht wissen können. Dort liegen Ihre Chancen.

Unternehmer müssen vertraute Pfade verlassen und neue Wege gehen, um nicht überrannt zu werden. Ob nun die Großen die Kleinen fressen, die Schnellen die Langsamen oder die Digitalen die Analogen – wer bleibt, wo er ist, ist auf's Höchste gefährdet. Fortbewegung scheint also ein Naturgesetz des Unternehmertums zu sein, und die Richtung weist immer ins Unbekannte.

Die Auseinandersetzung mit der Zukunft ist die vornehmste Führungsaufgabe. Hierbei geht es natürlich nicht darum, diese möglichst genau vorherzusagen (was wir nicht können) und das Unternehmen auf eine imaginäre Zukunft auszurichten. Vielmehr muss unser Unternehmen so agil sein, dass es für möglichst viele Szenarien, darunter gerade auch unwahrscheinliche, gerüstet ist und Vorteile hieraus zieht. Die Befassung mit der Zukunft ist die einzige Pflicht, die eine Führungskraft nicht delegieren kann.

Was können wir über Zukunft wissen? Eine zukunftsbezogene Unternehmensentwicklung ist keine strategische Planung, die ein Ziel mit vordefinierten Mitteln erreichen will. Es geht vielmehr darum, künftige Marktbedingungen zu antizipieren, indem wir uns der Zukunftsforschung bedienen: Wie sieht unser Marktumfeld in 5–10 Jahren aus? Was sagen uns unsere Kunden über veränderte Bedürfnisse und Erwartungen? Welche Trends gibt es weg von unseren Produkten? Was wäre, wenn??? Fördern Sie *what-if-stories* in Ihrem Bereich oder in Ihrem Unternehmen, um herauszufinden, ob das heutige Geschäftsmodell noch in einen künftigen Markt passt.

Das ist nicht defensiv, das ist strategische Frühaufklärung. Sollte es im Umfeld unseres Unternehmens noch so schwache Signale geben (und die gibt es immer), die auf Veränderungen im Markt, neue technologische Trends oder gar Diskontinuitäten hindeuten, können wir unser Unternehmen vorbereiten: Chancen erkennen, Gefahren abwehren.

Das Wichtigste ist, dass wir die Welt von *best practice*, *benchmarking* und Wachstum erkennen als das, was sie ist: nur eine von mehreren möglichen Welten. Für andere Welten brauchen wir einen Kompass statt eines Plans. Zukunftsforschung plant nicht; sie bereitet uns vor auf das, was kommen kann – vielleicht, möglicherweise, wahrscheinlich.

Hier eine kleine intellektuelle Fingerübung: Von den Konstanten und Paradigmen unserer Planung arbeiten wir uns vor zu

Trends, die wir spielerisch extrapolieren; wir stoßen mit Annahmen zu Unsicherheiten vor ins Unbekannte; halten Widersprüche aus und antizipieren sogar das Chaos, ein nicht lineares Ordnungssystem, *wild cards* als unerwartbare Ereignisse mit geringer Wahrscheinlichkeit, aber hohem *impact* (an anderer Stelle im Buch auch als »Schwarze Schwäne« zitiert).

Ausgangspunkt ist jeweils: Was wollen wir konkret in Frage stellen in unserem Produkt–Programm oder Unternehmen? In welchem Zeitraum? Aufgrund welcher externer Faktoren und Makrotrends? Welche vier oder fünf Szenarien ergeben sich daraus für unser Geschäft, welche Zukünfte? Hierbei wissen wir immer, wo wir stehen: im Spannungsfeld zwischen Wissen/Vermutung einerseits und Beständigkeit/Veränderung andererseits. Nur ein kleines Abenteuer im Vergleich zu unserer monatlichen Umsatzplanung!

Im Zitat klingt die Nonchalance eines Wanderers zwischen den Welten an, der der deutsche Philosoph Ernst Bloch zeit seines Lebens war: zweimal aus Deutschland geflohen, jüdischer Emigrant in der Schweiz, Neomarxist in den USA, DDR-Staatsphilosoph, Kronzeuge wider Willen des 68er Furors in Deutschland, unbehaust überall. Bloch war der Philosoph dessen, was noch nicht ist – des Werdenden. Und so heißt sein Hauptwerk »Das Prinzip Hoffnung«, seine Grabinschrift in Tübingen: »Denken heißt Überschreiten«.

»Nicht weil es schwer ist, wagen wir's nicht, sondern weil wir's nicht wagen, ist es schwer.«

(Lucius A. Seneca d. J.)

Seneca der Jüngere (1–65 n. C.) war zuletzt in ein gefährliches Amt als Erzieher und Bändiger des jungen Kaisers Nero nach Rom berufen worden, das er mit dem Leben bezahlte. Wie alle seine scharfsinnigen und zugespitzten Äußerungen ist auch die hier zitierte mehr als ein Wortspiel: Sie möchte uns ermahnen, nicht in der Analyse und Folgenabschätzung zu verharren, sondern zu handeln. Wenn man dann (wie Seneca) Stoiker wäre und reich, hülfe das natürlich. Aber auch einfachere Leute wissen uns hier Rat: »Wer gar zu viel bedenkt, wird wenig leisten«, legte Schiller seinem Wilhelm Tell in den Mund, auch dieser allerdings risikogeneigt. Will man uns zum Draufgängertum überreden?

Es geht bei Seneca wie Tell, bei allem persönlichen Mut, wohl vor allem um verantwortungsbewusstes Handeln auf ein klares Ziel hin, das einem wichtig ist. Eine komplexe, schwere Aufgabe steht oft wie ein Berg vor uns; sie erweist sich aber als lösbar, wenn wir einfach einmal irgendwo anfangen: kleine Arbeitspakete bilden, delegieren, uns spielerisch der Lösung nähern, bis das Ganze Verbindlichkeit erhalten muss und wir den Rubikon überschreiten. Nicht *trial and error*, sondern eine kluge Vorgehensweise mit erst allmählich abnehmender Zahl der Wahlmöglichkeiten empfiehlt sich bei großen Projekten. Gut, wenn wir Frauen im Team haben, die viele Optionen erkennen und ausloten. Erfolgreich werden wir, wenn wir dann das Ziel energisch verfolgen ohne lähmende Rückzugs- und Ausstiegsmöglichkeiten im Hinterkopf. Gut, wenn wir Männer im Team haben, die fokussieren.

Wirksame Führung fordert von uns persönlich Konzentration auf Weniges, Wichtiges. Natürlich bleiben wir täglich verantwortlich für die Planung von Arbeitsabläufen, den Mitarbeitereinsatz, für das Koordinieren, Organisieren und Verbinden, Informieren und Kommunizieren, Messen und Bewerten, Entscheiden. Aber das müssen wir nicht immer alles selbst machen, sondern delegieren. Unser »Kerngeschäft« als Führungskräfte bleiben die Auseinandersetzung mit der Zukunft unseres Unternehmens oder Bereichs, die Motivation und der Schutz der Mitarbeiter und unsere Selbstentwicklung.

Prof. Fredmund Malik, St. Gallen, bietet die bedenkenswerte Unterscheidung an, dass Management für die Transformation von Ressourcen in Nutzen zuständig sei (was viel Spielraum für Delegation bietet); Führung dagegen sei für die Gestaltung komplexer sozialer und produktiver Systeme verantwortlich. Das treibt keinen Keil in die Führungsmannschaft, sondern bietet den unterschiedlichen Talenten Raum – wir brauchen Management **und** Leadership in den Betrieben und Unternehmen.

Organisationsleitung und Entrepreneurship finden sich nicht als Widerspruch im Unternehmen, sondern als wechselseitige Unterstützer – das Eine kann nicht ohne das Andere erfolgreich sein. Der Leader mag mehr auf Vertrauen, Intuition, Geschäftsprozesse und Freiraum für seine Mitarbeiter, aber auch Komplexitätsreduktion orientiert sein – das Unternehmen braucht aber auch den Manager mit seiner Rationalität, Zielorientierung und kritischen Kontrolle. Alle Leitungsebenen finden sich idealerweise zusammen im Interessenausgleich zwischen Stabilität und Veränderung sowie zwischen Unternehmen und Kunden.

Dass jeder in seinem Feld etwas wagt und sich der Unterstützung des Anderen gewiss sein kann, macht erfolgreiche Unternehmen aus. Ob wir Macher sind oder Impulsgeber – das Unternehmen kann nicht auf uns verzichten, so lange wir zu den Resultaten für das Ganze beitragen, unsere Stärken und die unserer Mitarbeiter nutzen und Vertrauen schenken und erwerben. Positives Denken hilft dabei – wir haben keine Probleme, sondern akzeptieren Herausforderungen.

Und wenn das Wagnis zu groß war und wir scheitern? Dann trösten wir uns und unsere Gefolgschaft, indem wir wiederum Seneca zitieren: »Wer Großes versucht, ist bewundernswert, auch wenn er fällt.«

»Do what you can, with what you have, where ever you are.«

(THEODORE ROOSEVELT)

Gibt es eine schönere Beschreibung des amerikanischen Pragmatismus, die wir dem 26. Präsidenten der USA verdanken? Und wäre es nicht schön, wenn wir den obigen Satz, eine solche Einstellung aller, eintauschen könnten gegen unsere Organisationshandbücher und Businesspläne? In einer idealen Welt?

Es geht um Gesinnung, um eine auf ein Ziel gerichtete Grundhaltung des Einzelnen. Sie beruht auf einer der Erfahrung entstammenden Bereitschaft, wertend zu reagieren auf die Umwelt. Eigene oder fremde Vorstellungen und Fragestellungen, Situationen, Personen oder Gruppen – sie alle verlangen uns zuweilen ein Urteil ab, das dann unsere Haltung bestimmt. Das bleibt nicht folgenlos: Fühlen, denken, handeln – das sind sich steigernde Anstrengungen, wenn wir nach dem Gedanken handeln und nicht einfach drauflos.

Statt unsere Untätigkeit hinter Formalien zu verstecken, können wir handeln. Es ist schließlich zumeist einfacher, hinterher um Verzeihung zu bitten, als vorher um Erlaubnis. Unser Handlungsrahmen ist groß. Nicht der Unbedenklichkeit wird hier das Wort geredet, sondern der Tat. »Alles kommt zu dem, der etwas tut, während er wartet«, dieses Licht ging Thomas Alva Edison auf. Unsere Fähigkeiten, die Ressourcen unserer Firma, das Vertrauen unserer Chefs und Mitarbeiter sind immer da, so lange wir den Mut zum Handeln haben. Wo Handeln ein Fehler ist, kann Nichtstun ein Verbrechen sein.

Das Vertrauen erschöpft sich erst, wenn es in Anspruch genommen wird – wenn wir Erwartungen enttäuschen: durch Passivität, durch zielloses Handeln, durch Selbstüberschätzung. Denken Sie an die starken Menschen, die Ihnen vertrauen (Sie selbst eingeschlossen): »Vertrauen ist Mut, und Treue ist Kraft.« (Marie von Ebner-Eschenbach). Sie genießen einen großen Vertrauensvorschuss, sonst wären Sie längst weg vom Fenster. Diesen Vertrauenskredit (lat. *credere* = glauben) müssen wir täglich rechtfertigen. Am überzeugendsten durch sinnvolles Tun.

Ideen – wie der Wein – reizen zur Wirksamkeit, verändern aber allein noch nichts. Nur ein von ihnen inspiriertes Handeln kann die Wirklichkeit verändern, im Guten wie im Bösen. Der im Zitat beschworene Pragmatismus muss also einem sittlichen Gesetz folgen, wenn er Fortschritt bringen soll. Werte – Moral – gesunder Menschenverstand – Verantwortung – Akzeptanz der Unternehmensziele bilden unseren Handlungsrahmen – mehr Ermächtigung braucht der Manager nicht.

Der Zeitgeist steht dem allerdings entgegen. Das Akronym VUCA z.B. (zu deutsch: Volatilität, Unsicherheit, Komplexität, Ambiguität/Unbestimmtheit) kann gelesen werden als ein Katalog von Gründen, nicht zu handeln. Posthierarchisches Management, eine Soziokratie gar, die die Meinungen und Anschauungen aller berücksichtigen will, steht in Widerspruch zu der Forderung, sich ständig an sich verändernde Umstände anzupassen und schneller zu entscheiden. Da wird oft mehr geredet als gehandelt.

Auch das bringen unsere amerikanischen Freunde auf den Punkt: *»Walk the talk!«* Lassen Sie Ihren Worten immer Taten folgen. Wenn Sie recht hinschauen, ist Ihr Spielraum groß. Und wenn Sie einmal eine helfende Hand brauchen? »... dann suche sie zuerst am unteren Ende deines rechten Arms«, empfahl Abraham Lincoln, 16. Präsident der USA.

Tun Sie, was Sie können. Mit Ihren Mitteln. Wo immer Sie gerade sind. In der realen Welt.

»Tradition ist wie eine Laterne:
der Dumme hält sich an ihr fest,
dem Klugen leuchtet sie den Weg.«

(George Bernard Shaw)

Tradition ist, wenn sich nichts ändert? Es liegt an uns, wie wir eine bestimmte Tradition bewerten: als bewahrten Fortschritt (wie bei Daimler, dem Erfinder des Verbrennungsmotors) oder als Summe von Werten, die ihr Verfallsdatum überschritten haben (wie bei Herrenclubs, die keine weiblichen Mitglieder zulassen). Und wir können weiter fragen: Besteht die Tradition in Handlungsmustern und Überzeugungen, die Teil einer Kultur geworden sind, oder in temporär gültiger Üblichkeit ohne tieferen Sinn, die keine Tragkraft für die Zukunft entfalten kann. Was die Hamburger öfter als einmal machen, bezeichnen sie als Tradition, woraus viel Selbstbetrug entstehen kann.

Max Weber beschrieb vier Grundmotivationen sozialen Handelns: zweckrationale, wertrationale, affektuelle und traditionale Antriebe; letztere verkürzte er auf »eingelebte« Gewohnheiten. Bei Unternehmen geht Tradition über Gewohnheiten weit hinaus und schließt wertrationale Motivationen ein, nämlich den erfahrungsbestätigten Glauben an den Eigenwert dessen, was die Betriebsgemeinschaft tut: »Wenn wir nach dem, was uns und unseren Vorgängern wichtig war und ist, handeln, sind wir immer erfolgreich.« Tradition transportiert Werte in die Zukunft, also das, was uns wichtig ist. Der

Sinn der Tradition kann für unsere Unternehmen nur dort liegen, nicht in der Erinnerung.

Das Selbstverständnis der Deutschen Bank z. B. war, seit ihrer Gründung an einem Donnerstag, dem 10. März 1870, dass sie die größte Bank in Deutschland, eine große europäische Bank und eine der besten der Welt ist. Der Geheime Justizrat Dr. Riesser bescheinigte ihrer Leitung im Jahre 1910: »Sie hat sich von Anfang an dadurch ausgezeichnet, dass sie mit klarem Blick die Forderungen nicht nur des Tages, sondern auch einer weiteren Zukunft vorausgesehen hat ... Daher ist denn auch die Bank vor plötzlichen, durch die Not des Moments aufgedrängten Frontänderungen bewahrt geblieben.« Diese Tugend ging verloren in einer Expansionsphase um 2000, in der die Tradition der Bank von zahlreichen extern akquirierten Führungskräften geentert wurde wie ein reichbeladenes Kaufmannsschiff, und das hierbei Ladung und Mannschaft verlor – die alten Werte wie Kundenorientierung, Integrität und Disziplin galten nicht mehr. Was aus Sicht der Traditionalisten der Bank ein Sprungbrett sein sollte, wurde ein Ruhekissen der *new hires*: Vermögen und Tradition der Deutschen Bank.

Wir kennen viele andere Beispiele, in denen die »gesiebte Vernunft eines Jahrhunderts« (Ricarda Huch) in Unternehmen auf der Strecke blieb, und nicht alle haben sich davon erholt. Der Ausgang des Kräftemessens zwischen Tradition und Vernunft ist jederzeit offen und liegt in der Verantwortung des Führungskreises, nicht nur des Vorstands. Nicht in der Nachahmung der Tradition liegt der Gewinn, sondern in der Auseinandersetzung mit ihr.

Unternehmenstradition ist mehr als Überlieferung von Riten und Äußerlichkeiten. Tradition im Unternehmen steht für Nutzen und Beständigkeit. Das ist eine gute Nachricht, denn schlechte Leistung, Geringschätzung der Mitarbeiter und Übervorteilung der Kunden haben keinen Bestand. Eine Garantie für das Überleben ist es nicht.

Wir können uns das Wesen einer Firma – etwas gewagt – vorstellen, wie den Charakter eines Menschen: Offenheit für neue Erfahrungen, Geselligkeit, Verträglichkeit, Gewissenhaftigkeit und emotionale Stabilität – oder das Gegenteil in allem – kennzeichnen Individuen und Unternehmen. Diese Wesenszüge äußern sich, auch bei Unternehmen, in charakteristischen Verhaltensformen, Handlungsmustern, Überzeugungen oder Glaubensvorstellungen, Denkstilen und Motivationen, die in der Vergangenheit gründen – die Tradition bewahrt davon das, was zukunftsfähig ist, oder bricht ab.

Die Tradition können wir aus ihrer negativen Konnotation des Altbackenen in die Gegenwart und Zukunft retten zum Wohle unseres Unternehmens, wenn wir beschreiben, was sie ausmacht und was ihr Nutzen war und ist: Nicht Trägheit der Geschichte, wie Friedrich Engels absichtsvoll meinte, sondern ein Schwungrad, das unsere Anstrengungen heute erleichtert. Tradierte Bedeutungssysteme vermischen sich mit modernen, Bewährtes mit Neuem. Vielleicht ist die Überlieferung von Grundsätzen, die sich lange bewährt haben, wichtiger als die von Wissen, das sich rasch ändert, und die Pflege unserer Kernkompetenzen nützlicher als eine Diversifikation. Wir haben 500 Jahre alte Bücher; werden unsere IT-Dateien in der *cloud* in 500 Jahren noch da sein? Die oft zitierte Traditions-Metapher »Feuer statt Asche bewahren« will immer wieder neu interpretiert werden: Wo ist noch Feuer, was ist schon Asche?

Dem polnischen Philosophen Leszek Kolakowski (1927–2009) verdanken wir folgende Betrachtung zur Tradition: »Folgten wir nur der Tradition, lebten wir immer noch in Höhlen; folgten wir nur dem Fortschritt, wären wir bald wieder dort.«

»Werte kann man nur durch Veränderung bewahren.«

(Richard Löwenthal)

Werte als Teil des Ethos sind und waren immer Leuchtturm und Fata Morgana zugleich. Jede Generation beklagt zuverlässig den Verlust der Werte durch die nächste Generation. Der Wertekanon von Unternehmen diffundiert in schwierigen Zeiten oft zum allgemein Wünschbaren und fordert nicht mehr auf zu praktischem, werteorientiertem Handeln. Dem Studenten, der als Studienfach Wirtschaftsethik nannte, entgegnete der geistvolle Spötter Karl Kraus: »Sie werden sich schon entscheiden müssen!«

Werte sind handlungsleitend für Mensch und Unternehmen. Der Wertebegriff ist so essentiell für ihre Existenz, dass keine Wissenschaft, Weltanschauung, Organisation oder Partei auf seine Vereinnahmung verzichten kann, um uns ihre Werte nahezubringen. Es geht aber nicht so sehr um das »Gute, Wahre, Schöne«, die klassische Werte-Triade an der Alten Oper der Bankenmetropole Frankfurt am Main. Werte sind zunächst ein individueller Kompass, der unseren durch persönliche Antriebe (Motive) ausgelösten Handlungen die Richtung weist. Werte geben unseren Zielen Bedeutung, sie sind das Substrat unseres Lebens – Träger unseres Lebenssinns.

Werte sind also »was mir wichtig ist«. Eine allgemein anerkannte Definition des Wertebegriffs haben wir nicht. Für die Philosophie sind Werte ethisch-moralische Idealvorstellungen mit normativem Charakter, »an die man sich halten muss«. Die Psychologie sieht in Werten persönliche, besonders wichtige Überzeugungen, die sich im Laufe des Lebens ändern und aktiv beeinflussbar sind. Und in der Neurologie sind Werte emotionale Vorlieben, die sich unbewusst durchsetzen und eben nicht beeinflussbar sind. Den gemeinsamen Nenner hat vielleicht der deutsche Philosoph Hans Joas gefunden, für den Werte emotional stark besetzte Vorstellungen über das individuell Wünschbare sind. Werte leben zu können, bedeutet demnach, eigene Zielgrößen eines gelingenden Lebens wie Ehre, Freundschaft, Wahrhaftigkeit, Ruhe oder Humor ungehindert anstreben zu können.

Unternehmen können ebenso wenig wie Individuen auf eine Sinngebung verzichten und leben daher Werte, bewusst oder unbewusst, die ihrer Tätigkeit eine Richtung und ihren Zielen Bedeutung geben. Werte laden Gleichgesinnte ein zur Identifikation und damit zur Mitarbeit an der Erreichung dieser Ziele. Die Werte sind schließlich der Kern von allem, was ein Unternehmen ausmacht. Strategie, Unternehmenskultur, Image, Marke, Leistungsversprechen, *Mission Statement*, *Slogan*, Design, Leitbild – alle Lebensäußerungen eines Unternehmens sind Ableitungen der *Corporate Values*, oder sie funktionieren nicht.

Können Werte nicht bleiben, wie sie sind, wenn sie sich einmal bewährt haben im Markt und beim Personal? Der deutsche Journalist und Politologe Richard Löwenthal (1908–1991) war anderer Meinung, und unsere Erfahrungen in Traditionsunternehmen, aber auch im eigenen Leben, geben ihm Recht. In der Jugend radikaler Marxist, fand Löwenthal denkend zur Sozialdemokratie. Er sah sich als Wegbereiter eines freiheitlichen, demokratischen Sozialismus. Anders als Teile der SPD und die Grünen sah der Kanzlerberater die Marktwirtschaft nicht als geschichtlichen Irrtum an, sondern als Verheißung, den »neuen Menschen« in Freiheit, Gleichheit, Brüderlichkeit im Kapitalismus statt im Kommunismus zu erschaffen. Chancengleichheit für alle Menschen in einer dynamischen Zugewinngemeinschaft statt durch Umverteilung des Bestehenden – so könnte sich sein Wertekanon entwickelt haben.

Um die Notwendigkeit einer Weiterentwicklung von Unternehmenswerten zu verstehen, müssen wir zunächst diesen Vorgang im Menschen begreifen. Werte sind unser Blick auf die Welt, und die verändert sich. Hans Joas äußerte die Vermutung, dass unsere Werte in Erfahrung der Selbstbildung und Selbsttranszendenz entstehen – wenn wir über Realität und Bewusstsein, also über uns selbst hinausgehen. Wertebildung ist ein reflexiver Prozess, der von interpersonalen Erfahrungen lebt. Werte bilden sich also an uns und an der Gesellschaft, die nur unter Zwang statisch, in Freiheit aber dynamisch ist.

Das gilt auch für Unternehmenswerte. Firmen wollen als integrer Teil der sie umgebenden Gesellschaft gelten und setzen deshalb kompatible Werte als Handlungsrahmen, die möglichst alle *stakeholders* zur Identifizierung mit dem Unternehmen einladen sollen. Solidarität, Treue, Offenheit, Integrität, Respekt, Verantwortung, Nachhaltigkeit – wenn etwa solche Handlungsziele von der Führung vorgelebt werden und in den Leistungen des Unternehmens glaubwürdig zum Ausdruck kommen, entdeckt mancher Beobachter Werte, die ihm selbst wichtig sind. Dann schließt er sich gern diesem Unternehmen an, als Führungskraft, Mitarbeiter, Kunde, Lieferant, Investor oder Meinungsträger in der Öffentlichkeit. Lebensechte Werte haben in einer Organisation ein hohes Suggestiv- und Integrationspotential: Jeder verhält sich in Übereinstimmung mit den propagierten Werten, z. B. offen, fair, kundenorientiert, verantwortungsvoll. Die Verständigung auf konkrete, operative Werte und deren Durchsetzung nach innen und außen verschaffen dem Unternehmen ein *competitive edge*, sie sichern sein Überleben, weil es Sinn stiftet.

Der Wandelbarkeit von Wertvorstellungen im Zeitablauf durch Reflexion aller Teilnehmer an Wirtschaft und Gesellschaft muss die Unternehmensführung Rechnung tragen. Die Zielbildung neuer Werte ist nie abgeschlossen: Was macht uns heute aus und attraktiv für unsere *stakeholders*? Unternehmenswerte sind auch Erhaltungsziele, die sich in Wechselwirkung mit der Gesellschaft stärken oder schwächen. Vielleicht ist ein *value shift* angezeigt, z. B. Freiheit statt Ordnung, Pragmatismus statt Pünktlichkeit, Freude statt Freundlichkeit, Kundennutzen statt Börsenkurs, Anstrengung statt Zufriedenheit, und neue Definitionen von Erfolg entstehen. Starten Sie alle 5 bis 7 Jahre einen neuen Wertefindungsprozess in Ihrem Unternehmen, im Dialog mit Führung, Eigentümern, Mitarbeitern, Kunden, Lieferanten und Gesellschaft:

1. Beschreiben was ist: Was macht uns aus, was unterscheidet uns?
2. Verankern: Promoten, Leben, Messen, Bewerten, Loben/Tadeln der Verhaltensweisen, in denen sich die *Corporate Values* spiegeln.
3. Justieren: Bewahren und Weiterentwickeln der Werte.

Dies ist keine Revisionsübung, sondern ein kreativer Prozess, wichtiger als eine Strategiefortschreibung. Lassen Sie sich nicht irritieren von Gegenwind und dem Getümmel auf Allgemeinplätzen wie ›der Markt ist schwierig, die Konkurrenz gnadenlos, die Kapitalkosten sind zu hoch, die Währungsrelationen ungünstig, keine Zeit für hochmögende Werte‹. Es sei schlechtes Wetter für Ideale, die wir in guten Zeiten vor uns her getragen haben und jetzt wie eine Fahne einrollen, die unser Fortkommen im Sturm hindern könnte. Schon Albert Camus sagte doch, dass man sich seine Grundsätze für die großen Gelegenheiten aufsparen soll!

Damit geht die Orientierung verloren. Um Krisenhandeln nicht rechtfertigen zu müssen, spricht manches Management lieber von Ethik und *global footprint*, statt moralisches Handeln oder wirtschaftlich klugen Umgang mit den eigenen Ressourcen, etwa Mitarbeitern, zu belegen. Das »Gute, Wahre, Schöne« weicht in schweren Zeiten dem angeblich Nützlichen, Richtigen, Notwendigen.

Wir als Unternehmen müssen aber beschreiben, wer wir in dieser Zeit und unter allen denkbaren Umständen sind. Eine ehrliche Beschreibung »unserer Haltung zum Markt« ermöglicht eine hohe Anschlussfähigkeit von Management, Mitarbeitern und Kunden, deren Wertekanon sich jeweils abgleichen kann mit dem des Unternehmens: Passen wir noch zusammen? Eine akzeptierte *raison d'être* des Unternehmens fördert in der Auseinandersetzung mit sich wandelnden Werten eine schöpferische Neuausrichtung des unternehmerischen Tuns. Diese Aktualisierung der Unternehmensidentität anzustoßen und zu ermöglichen, ist Pflicht des Managements. Die Gesellschaft wartet nicht auf uns.

»Man sei lieber als ein Weiser geehrt, als wegen seiner Schlauheit gefürchtet.«

(BALTASAR GRACIÁN Y MORALES)

Als Chef könnte man denken: Ob Ehre oder Furcht oder Ehrfurcht, egal – Hauptsache: Abstand! Oder: Ob Weisheit oder Schläue – Hauptsache: Durchblick. Aber die Wahl der Führungsmittel scheint so gleichgültig nicht zu sein, wenn wir heute erfolgreich sein wollen. Zwar empfahl Carl von Clausewitz (1780–1831) in seinem Buch »Vom Kriege« (in unseren Tagen von einer Unternehmensberatung neu aufgelegt als Managementliteratur): »Es gibt Fälle, wo das höchste Wagen höchste Weisheit ist«, und nach diesem Motto werden zuweilen abenteuerliche *takeovers* orchestriert. Von Weisheit zeugen solche Unternehmungen aber selten, vor allem, wenn man sie vom Ende her betrachtet.

Weisheit ist nach Novalis Harmonie. Sie entsteht im Spannungsfeld von Ratio und Intuition, von Wissen und Glauben, Erfahrung und Instinkt, niemals in Extremen. Weisheit ist eine Haltung den Dingen und Menschen gegenüber, die auf Ausgleich, Abstand und Nachhaltigkeit angelegt ist. Das hat nicht nur mit Wissen zu tun; Weisheit kann sogar im Wissen verloren gehen, wie das Wissen in der Information. Weisheit und Verstand sind nicht identisch, bedingen einander aber: »Durch Weisheit wird ein Haus gebaut und durch den Verstand erhalten«, lesen wir in den Sprüchen Salomos im Alten Testament.

Wir schätzen Menschen, deren Handeln von Klugheit, großem Wissen und reflektierter Lebenserfahrung geleitet wird, und nennen sie weise. Wir loben einen Entschluss als weise, wenn wir ihn ausgewogen finden. »Höchstes Wagen« über alle Verschuldungsgrenzen hinaus werden wir auch dann nicht als weise billigen, wenn es noch einmal gut gegangen ist. »Mäßigung ist die ganze Weisheit«, befand Aristoteles. Ob Alterstugend oder früh erarbeitete Haltung dem Leben gegenüber – wenn sich uns jemand durch ausgereifte Taten und Worte mitteilt, schenken wir ihm Vertrauen und suchen seinen Rat, egal, auf welcher Hierarchiestufe im Unternehmen er oder sie steht.

Dem Schlauen dagegen begegnen wir mit Misstrauen, weil wir ahnen, dass seiner Klugheit jede moralische Funktion fehlt. Er weiß nur, was ihm selbst nützt, etwa wie man andere überlistet. Wenn wir den Halbschlauen dazu nehmen, der sich nur an kurzfristigen Vorteilen orientiert, und den Oberschlauen, der sich klüger als alle anderen dünkt, haben wir das Gefühl, dass wir den Typus des Schlauen auch außerhalb des Straßenverkehrs häufiger antreffen als einen Weisen. Vermutlich ist das eine vorurteilsbeladene Wahrnehmung wie die vom Hamburger »Schietwetter«, die statistisch nicht zu untermauern ist, aber doch unsere Einstellung prägt. Wir treten Menschen lieber vorsichtig als neugierig gegenüber und entdecken eher ihre »Macken« als ihre Vorzüge. Wir sehen, was wir sehen wollen, und wir haben dafür unsere eigenen Begriffe. Konfuzius sagte: »Ich hasse diejenigen, die List für Weisheit, Ungehorsam für Kühnheit und Geschwätz für Wahrheit nehmen.«

Dabei gibt es viel Weisheit zu entdecken um uns herum und in uns. Einfachheit, der Blick für das uns Wichtige, der frappante Ausspruch eines Kindes, eine nüchterne Feststellung des Assistenten, die klare Frage unseres Kunden, der Hinweis unseres verehrten Aufsichtsratsvorsitzenden, der Rat eines Freundes – sie alle können uns Kluges und Wichtiges vermitteln, wenn wir hinsehen und zuhören. Weisheit ist nicht ansteckend, und sie ist vielleicht nicht einmal mitteilbar, wie Hermann Hesse meinte, aber wir können sie prüfen auf ihren Gehalt für uns und uns an ihr bilden, wo immer wir ihr begegnen. Weisheit ist das, was wir dafür halten unter Billigung der Menschen, auf deren Urteil wir Wert legen.

Das Hauptwerk des spanischen Jesuiten Gracián (1601–1658), der auch an anderer Stelle in diesem Buch zitiert und gewürdigt wird, wurde von einem Freund zu 300 Aphorismen unter dem Titel »Handorakel und Kunst der Weltklugheit« zusammengefügt. Seine Verhaltensregeln für Höflinge seiner Zeit beschrieben eine Kunst der Verstellung und bewahrten ihre – heute moralisch nicht unbedenkliche – Nützlichkeit für die Auseinandersetzung mit Konkurrenten. Das meiste kann uns ohne Verzicht auf unsere Authentizität heute immer noch als Leitfaden im Unternehmen dienen, weil es eben anthropologisch gegründet ist, z. B.:

- Dass man seinen Vorgesetzten nicht übertrumpfen soll;
- Dass man mit Prahlerei den Neid anderer weckt und Affekte auslöst, die die eigene Niederlage herbeiführen können;
- Dass man die eigene Überlegenheit andere niemals spüren lassen soll;
- Dass alle Dummen verwegen sind;
- Dass die Klugen die Tapferen besiegen;
- Sich nie mit jemandem verbünden, dessen eigene Ehre bei einem Treuebruch nicht auch beschädigt wäre;
- Sich nie beklagen, weil es eher andere zum Angriff reizt, als uns den Trost des Mitleids zu verschaffen;

- Das Intensive höher als das Extensive schätzen – Vollkommenheit besteht in der Qualität, nicht in der Quantität;
- Nicht unter übermäßigen Erwartungen auftreten;
- Den Mann von Worten von dem von Werken unterscheiden;
- Bei allen Dingen stets etwas in Reserve haben;
- Im Geschäft nicht auf immer lieben oder hassen;
- Nie dem Rechenschaft geben, der sie nicht zu fordern hat;
- Der letzte Besucher behalte bei uns nicht immer recht.

Mir scheint, wir Manager und Leader sollten heute besser Gracián lesen als Clausewitz.

»Angst ist das Schwindelgefühl der Freiheit.«

(SØREN KIERKEGAARD)

Freiheit ist nach J. W. von Goethe nichts als die Möglichkeit, unter allen Bedingungen das Vernünftige zu tun. Sie hat demnach nichts mit Entgrenzung, sondern mit Verantwortung zu tun, vielleicht auch mit dem Verzicht auf Wünsche und Gewohnheiten im epikureischen Sinne – je weniger wir davon haben, desto mehr können wir das Leben genießen. Und doch kann uns die Angst vor dem Unvorhersagbaren der Freiheit überkommen. Führungskräfte kennen das Planungssyndrom – wir sollen die Freiheit unserer Entscheidungen ummünzen in Vorhersagen und davon Mitarbeiter und Vorgesetzten überzeugen.

Angst ist ein Warnsignal der Evolution, also nicht ehrenrührig und selten krankhaft. Sie zeigt uns, dass Reflexe funktionieren und wir nicht abgestumpft sind. Nicht nur Bedrohungen, sondern auch Abweichungen von Bekanntem, von Routine und Regeln können Gefahr signalisieren, vor der ein Gefühl uns zu schützen sucht, auch diesseits von somatoformen Angststörungen. Aber jede Angst gibt zugleich anderen Macht über uns. Wir fürchten nämlich Einsamkeit, Isolation im Unternehmen, Zuwendungsentzug, Bloßstellung, Strafe, Einkommenseinbußen, Statusverlust oder Einflussminderung. Mut und Analyse können uns bei der Überwindung helfen und unsere Autonomie zurückgewinnen.

Unsere Freiheit im Unternehmen ist – idealerweise – eine soziale Freiheit, wie Ralf Dahrendorf sie formuliert hat: ohne externe soziale Beschränkungen, mit einem gewissen Maß an sozialen Handlungsressourcen. Redefreiheit gehört dazu, Denkfreiheit haben wir sowieso. Vielen von uns hilft es, Freiheit und Pflicht sozusagen als Synonyme zu begreifen, ganz im Kant'schen Sinne: Ich kann, weil ich will, was ich ohnehin muss. Dann wäre nur die pflichtgemäße Entscheidung eine freie, und umgekehrt; »Pflicht« hier verstanden als die Aufforderung zu einem Handeln, dem wir uns aufgrund bestimmter Regeln nicht entziehen können. Diese Gleichstellung von Freiheit und Pflicht schränkt übrigens nicht Ihre Freiheit ein, auszusteigen und die Seidenstraße oder die Route 66 quer durch die USA zu bereisen, so lange Sie dies in einer Pflicht sich selbst gegenüber begründen können.

In unserer durch die Pflicht eingehegten Entscheidungsfreiheit kennen wir Führungskräfte die Angst vornehmlich als Wagniskonzentration. Wir erleben zuweilen eine starke psychische Anspannung bei der Bewältigung gefahrengeneigter Situationen. Wird mein Plan akzeptiert, kann ich ihn realisieren, und was ist, wenn nicht? Das sind keine diffusen Besorgnisse, das sind konkrete Ängste. *Fight or flight?* Nur wenige von uns sind auch im Geschäft auf den *Bungee kick* konditioniert und übernehmen bewusst, und offenbar angstfrei, chancenarme Positionen mit einem *golden parachute*. Wir anderen suchen echte Herausforderungen, akzeptieren die Warn- und Schutzwirkung der Angst und suchen nach Bewältigungsstrategien.

Defensiver Pessimismus vor Leistungssituationen ist allerdings die schlechteste Strategie. Jede Art von Angst kann gelernt und verlernt werden, wie Trainings gegen Flugangst und andere Phobien zeigen: Was genau bedroht mich jetzt, und wie groß ist die Gefahr für mich wirklich? Wenn sich unsere Angst aber den Mitarbeitern mitteilt – und die haben eine Antenne dafür! –, lähmen wir sie, zumal, wenn sie unsere Angst nicht teilen; der Weg in die Zukunft scheint ihnen verbaut. Weil wir die Angst nicht ignorieren können, müssen wir sie abzubauen suchen, bevor sie auch uns lähmt. Wir können Stress–Situationen manchmal einfach verlassen, indem wir unsere Gedanken abrüsten, eigene und fremde Erwartungen managen, Entspannungstechniken anwenden. Ein probates Mittel ist der Mut.

Unser Mut ist nicht das Entweder/Oder der Angst, er ist ihr Komplementär. Angst bremst – Mut treibt voran; beide bedingen einander. »Das Geheimnis des Glücks ist die Freiheit, das Geheimnis der Freiheit aber ist der Mut«, wird Perikles im 'Peloponnesischen Krieg' des Thukydides zitiert, allerdings in seiner Gefallenen-Rede, was uns bedenklich stimmen könnte. Aber wir haben das schöne alte Wort Beherztheit, das meint: sich überzeugt (›unser Herz hängt daran‹) in Unsicherheit und Gefahr des Scheiterns zu begeben, weil die Sache es von uns verlangt. Der Mutige ist nicht angstfrei, aber er will den Spielraum des Handelns nutzen. Freiheit ist mehr als Schutz gegen Willkür, sie ist unsere Handlungsermächtigung und unsere Pflicht zu handeln.

Große Freiheiten im Management können uns schwindlig machen, weil wir große Verantwortung übernehmen müssen, und sie sind doch Ziel und Erfüllung des Managerlebens. Wir dürfen schließlich sozial kontrollierte, wirtschaftlich begründete Spielräume ausschöpfen, um für große Gruppen Menschen etwas zu tun. Wem dieses weite Feld noch zu eng ist, der mag sich an Goethes Sonett erinnern: »Wer Großes will, muss sich zusammenraffen. In der Beschränkung zeigt sich erst der Meister, und das Gesetz nur kann uns Freiheit geben.»

»Je weniger Geist, desto weniger Angst«, schrieb Kierkegaard noch; das nehmen wir, die wir zuweilen Angst verspüren, mal als Kompliment. Søren Kierkegaard (1813–1855), dänischer Philosoph und Theologe, war ein geistvoller und ängstlicher Mensch, der sich früh erschöpft hatte. Er gab uns tröstlich mit auf den Weg: »Nur wer in Angst war, findet Ruhe.«

»Damit das Mögliche entsteht, muss immer wieder das Unmögliche versucht werden.«

(Hermann Hesse)

»Nichts ist unmöglich«, wollte uns ein Affe in der Autowerbung glauben machen, bis auch diese Firma bis dahin für unmöglich Gehaltenes erlebte. Wir glauben es besser zu wissen: Die Erreichung der Umsatzziele, die Einhaltung der Kostenbudgets, Termine oder Qualitätsgarantien sind unmöglich. Die Erwartungen der Finanzanalysten oder Investoren zu erfüllen, ist ebenfalls unmöglich. Der Produktlebenszyklus wird kürzer, die Entwicklungszeiten für neue Produkte wegen rechtlicher Risiken werden immer länger, das können wir unmöglich zusammenbringen.

»Planung ist die Willenserklärung des Managements«, sagte der legendäre Hans L. Merkle von Bosch und meinte: hier geht es nicht um Voraussagen! In den Gründerjahren um 1870 wurde allerhand für möglich gehalten in Deutschland, eine achtspännige Kutsche zum Beispiel, aber eine selbstfahrende Kutsche ohne Pferde nicht. Aber genau die wurde 1886 erfunden von Carl Benz und fährt heute hundertmillionenfach als Auto durch die Welt. Und wer brauchte einen Apparat, der nur 0 oder 1 rechnen kann? Und doch hat er eine digitale Revolution ausgelöst, die noch lange fortwirken wird.

Wir können nicht immer wissen, was möglich ist oder sein wird. Der Gedanke an das Mögliche (besser: an das für möglich Gehaltene) hemmt uns. Der Quantensprung in eine neue Qualität des Unternehmenserfolgs kann nur gelingen, wenn wir die Extrapolation des Möglichen verlassen und ins Unbekannte, also in das bislang für unmöglich Gehaltene vorstoßen – die schöpferische Zerstörung nach Schumpeter eingeschlossen.

Wie können wir uns zurechtfinden im unübersichtlichen Terrain zwischen dem Bekannten, das leicht zu verteidigen ist, und dem Unbekannten, angeblich Unmöglichen, das leicht anzugreifen ist? Die Akzeptanz des Scheiterns kann Teil des individuellen Risikomanagements sein, ist aber nicht in jedem von uns angelegt. Viele von uns sind da eher ängstlich, bei aller Verantwortungsbereitschaft. Segensreich ist dann eine auf Fortschritt ausgerichtete Unternehmenskultur, die nicht den Irrtum, sondern die Trägheit als Feind erkennt und benennt. In einem solchen Umfeld wird man das Wort von Oscar Wilde gelten lassen können, dass Fortschritt nur in der Verwirklichung von Utopien zu finden ist, von optimistisch-fantastischen Idealen, wie dem Fahren ohne Pferde, dem Fliegen oder dem Internet eben.

Nun sind Genius und Führungskraft gewiss keine Synonyme, und wir tun gut daran, uns manchmal alles eine Nummer kleiner zu denken. Trotzdem sollten wir uns nicht mit der bloßen Optimierung zufrieden geben. Jeder von uns hat einen Verantwortungsbereich, in dem wir das Undenkbare denken dürfen, ja müssen: Was ist, was könnte hier Utopie sein? Wie können wir eine Gesamtentwicklung hin zu einer höheren Stufe einleiten? Wir Europäer sind daran gewöhnt zu fragen, wie wir ein Produkt um 3% besser oder billiger machen können, und da fällt uns immer etwas ein. Unsere amerikanischen Freunde denken stattdessen darüber nach, wie man eine Sache um 80 oder 100% verbessern kann. Innovationen sind dann wahrscheinlicher als Perfektion – *if it is good enough, it's good!* Einen Schönheitspreis werden wir so vielleicht nicht erhalten, aber unser Unternehmen wird überleben. Suchen wir beim *recruiting* wie die Kollegen in den USA nach Talenten statt nach Erfahrung!

Hermann Hesse (1877–1962), dem wir den eingangs zitierten Aphorismus verdanken, hat das Mögliche immer nur als Vehikel auf seinem Weg ins Unmögliche gesehen, ins Reich der Phantasie. Als unangepasster Jugendlicher, dem man heute verständnisvoll ADHS attestieren würde, lebenslang geplagt von Sehschwäche, Kopf- und Nervenschmerzen, lief er ständig weg. Gymnasium, Buchhändler- und Mechanikerlehre brachte er nicht zu Ende; schon mit 15 Jahren stand für ihn fest: entweder Dichter oder gar nichts. So einer, der Theologe werden sollte und nacheinander vier Staatsbürgerschaften zugeteilt erhielt, landete in der Nervenheilanstalt im schwäbischen Stetten, führte ein konfliktreiches Leben mit Eltern und später auch Nationalisten und musste sich mehrfach in psychiatrische Behandlung begeben. Ständig riskierte Hesse den Bruch mit Heimat, Stellung und Familie, wie er später selbst schrieb. Äußere Reize und innere Impulse zu kontrollieren, fiel ihm zeit seines Lebens schwer. Unmöglich schien es, sich mit diesen Voraussetzungen ein selbstständiges, erfolgreiches Leben aufzubauen.

Heute kennen wir Hermann Hesse als Träger von Literatur-Nobelpreis, Goethe- und Friedenspreis, des Ordens Pour le Mérite; als Verfasser von Glasperlenspiel, Steppenwolf, Unterm Rad, Narziss und Goldmund und anderen Werken der Weltliteratur sowie 3.000 Buchrezensionen. Vielleicht hat er diesen Ruhm nicht angestrebt, aber das Mögliche als Beschränkung hat ihn nie gekümmert.

»Es lag an Göppingen nicht, wenn aus mir nichts geworden«, schrieb Hesse im Alter an seine schwäbische Lateinschule. Dieses Motto habe ich mir Jahrzehnte später als junger Bankdirektor in Göppingen und danach gern zueigen gemacht.

»Der Weg zu allem Großen geht durch die Stille.«

(Friedrich Nietzsche)

Dieses Zitat finden wir so oder so ähnlich auch bei Paul Luck, Thomas Carlyle und Paul Keller. Viele Schriftsteller haben beschrieben, was wir selbst auch erfahren haben: In der Stille (nicht in der Ruhe) begegnen wir uns selbst in einer Klarheit, die große Einsichten, aber auch schockierende Erkenntnisse vermitteln kann. Stille scheint Voraussetzung dafür zu sein, etwas Besonderes, vielleicht Einmaliges zu schaffen. Ob Sie Ihre Schöpfung dann groß nennen, ist Ihre Sache; sie hat ihren Preis: »Der Preis der Größe heißt Verantwortung«, sagte Churchill in Kriegszeiten. Mit dem Dank der Mitwelt und dem Ruhm der Nachwelt sollten wir besser nicht rechnen. Große Taten, für die Führung Gelegenheiten schaffen soll, tragen ihren Lohn in sich selbst. Wir fühlen uns belohnt, weil wir unser Bestes geben konnten – anständige Bezahlung vorausgesetzt.

Peter Bamm (1897–1975) wies darauf hin, dass Tätigkeit mit Lärm verbunden ist, unser Wirken sich aber in der Stille vollzieht. Für die begriffliche Unterscheidung von Tätigkeit (handlungsorientiert) und Wirken (ergebnisorientiert) müssen wir ihm dankbar sein, wir beachten sie nicht immer. Wir lieben in unserer Managementtätigkeit den Trubel. Ich lärme, also führe ich. Wie Handwerker wollen manche Führungskräfte lieber durch ihre Arbeit als durch das Ergebnis wahrgenommen werden. Jede Ablenkung, Gelegenheit zum Gespräch, jeder Wechsel zwischen Anspannung und Entspannung ist willkommen. Etwas Großes, Besonderes kann so nicht entstehen, weil wir nicht zur Besinnung kommen. Die Abwesenheit von Lärm oder unser Schweigen erzeugen noch keine Stille. Schweigen kann sogar sehr laut sein, repressiv, ein Kampfmittel im Liebesentzug. Stille aber dient.

Betrachten wir einmal die Stille als Konzept, dessen Realisierung von äußeren und inneren Voraussetzungen abhängt. Ebenso wenig wie wir einfach dasitzen und auf Eingebung, Zufall oder Glück warten, warten wir auf die Stille. Wir müssen sie aufsuchen, als Ort und als inneren Zustand, und wir haben gute Gründe dafür: Weil Stille nicht fragt, aber antwortet; weil wir uns nur in der Stille hören; weil wir nur so Bereitschaft, Kraft und Konzentration in uns finden, etwas Besonderes zu leisten; weil Stille Gedanken anzieht, die der Lärm des Tages vertrieben hat. Das Fehlen von Lärm und Störung, das Schweigen, die Ruhe machen noch keine Stille, wenn nicht unsere innere Disposition dazukommt und die Bedeutung, die wir dem Moment geben. Stille ist nicht Einsamkeit, sondern Zweisamkeit mit sich selbst.

Wir können nicht leicht Stille herstellen in unseren Unternehmen, wo wir auf Zusammenarbeit und Kommunikation angewiesen sind. Jeder muss für sich herausfinden, wo er Stille findet, wenn er sie denn sucht. Im Büro frühmorgens, spätabends oder am Wochenende zum Beispiel, auch wenn das als Überengagement, armes Privatleben oder Wichtigtuerei gedeutet werden kann. Auf einer Wanderung oder kontemplativ in Klosterexerzitien, obwohl das manchmal etwas bemüht erscheint. Im stundenweisen Rückzug aus dem Tagesgeschehen, auch wenn das eine beredte Stille sein kann (»Was macht er da nur?«). Am Wochenende oder im Urlaub, obwohl wir dann eigentlich laut leben wollten.

Am besten inszenieren wir unsere Stille nicht, sondern listen sie dem Tag ab:

- Unser Abflug verspätet sich. Statt alberne Hektik-Telefonate zu führen (»Mein Flieger geht nicht ...«), setzen wir uns an ein leeres Gate. Mal sehen, was im Kopf so passiert.
- Während des Fluges kann es trotz des gleichbleibenden Fluglärms sehr still werden. Viele Männer schlafen dann, sogar morgens, weil sie keine andere Form der Entspannung kennen. Andere Passagiere löschen E-Mails oder flüchten ins Druckwerk, in fremde Dramen. Warum nicht die eigenen Geschichten, Träume, Ideen annehmen und in der Stille des Augenblicks voranbringen, immer wieder?
- Wir nehmen an einer Konferenz oder Fortbildung teil, die uns nicht ausfüllt. Die rituelle Absenz ist sicher ein Zweck an sich, aber wir müssen uns dort nicht mit uninteressanten Dingen beschäftigen. Nehmen wir das Zeitgeschenk an einem fremden, unbedrängten Ort an und denken wir über größere Zusammenhänge nach als *sales per day.*
- Politisch inkorrekt, aber für manche wirksam ist der Tabak, »der Esel des Gelehrten», wie man Demokrit in den Mund legte. Das Rauchen, wiewohl ungesund, steigert geistige Aktivität und Konzentration und vermindert Angstgefühle und Verwirrung, eine Droge der Stille. Was fällt Ihnen ein?
- Ein Abendtermin fällt aus, die Familie ist ausgegangen: Sie sind allein zu Hause. Genießen Sie die Stille eine Viertelstunde lang, hellwach, ohne TV, Smartphone und Rotwein. Sie sind zu etwas Großem unterwegs, das sich Ihnen zeigen wird, irgendwann. Sie werden verlernen zu haben und lernen zu sein.

Das Tagesgeschäft bleibt wichtig, aber ab und zu muss uns Führungskräften etwas Großes, Außerordentliches gelingen, damit wir und andere weiter an uns glauben.

Wer die Stille erträgt, ist nie mehr allein, er hält sich aus. Dann haben wir den Kopf frei für Dinge, die über uns hinausweisen. Den großen *strategic move* unseres Unternehmens etwa, nicht zu unserem Ruhm, sondern zum Wohle seiner Kunden, Eigentümer und Mitarbeiter. Ohne Geschwätz, in aller Stille.

»In der Stille wächst die Weisheit«, zitiert der Franziskaner Peter Amendt ein persisches Sprichwort und fährt fort: »im Lärm wächst der Übermut.«

Danksagung

Erfahrung bedeutet nichts, lehrte uns Kurt Tucholsky: man kann seine Sache 20 Jahre lang schlecht machen. Aber Reflektion hilft: warum machen wir etwas, von wem haben wir es gelernt und wem nützt es? 47 Bankjahre, davon 30 Jahre reflektierte Führungserfahrung als Managing Director, und 10 Jahre Arbeit als Management Coach haben ihren Niederschlag in diesem Buch gefunden.

Den Menschen in der Deutschen Bank weltweit, Vorständen, Managementkollegen und Mitarbeitern, verdanke ich viel: Freiräume, Vertrauen, Toleranz, Respekt und manche Einsichten. Auch von Unternehmerkunden durfte ich lernen. Ihr mutiges Handeln ohne Tollkühnheit, ihre Weitsicht und Beharrlichkeit haben mich wie das Vertrauen meiner Bank gelehrt, – obwohl angestellter Manager – meine Rolle als Bankunternehmer vor Ort beherzt anzunehmen und auszufüllen.

Zu großem Dank bin ich auch meiner Familie verpflichtet, mit unseren drei überaus erfolgreichen Kindern, die in ihren Berufen besser sind, als ich es je war. Ihre kritische Begleitung hat mir manchen Perspektivwechsel ermöglicht.

Die Idee zu diesem Buch hatte die Redakteurin Svenja Gloger vom Weiterbildungsmagazin Manager-Seminare, die mich schon bei früheren Veröffentlichungen ermutigte. Auch ihr schulde ich Dank.

Wiesbaden, im Februar 2017
Bernd A. Wilken

»Wenn du ein Buch, das dir wichtig ist, nicht machst,
verfolgt es dich als Gespenst.«

MIRCEA CARTARESCU

»Man infiziert sich so leicht an dem, was man denkt.«

ERNST W. ESCHMANN